L'HÉRÉDITÉ

CHEZ

LA BETTERAVE CULTIVÉE

PAR

M. Jacques Lévêque de Vilmorin

Licencié ès sciences

Membre de l'Académie d'Agriculture

PARIS

GAUTHIER-VILLARS ET Cie, ÉDITEURS

LIBRAIRES DU BUREAU DES LONGITUDES, DE L'ÉCOLE POLYTECHNIQUE

Quai des Grands-Augustins, 55

1923

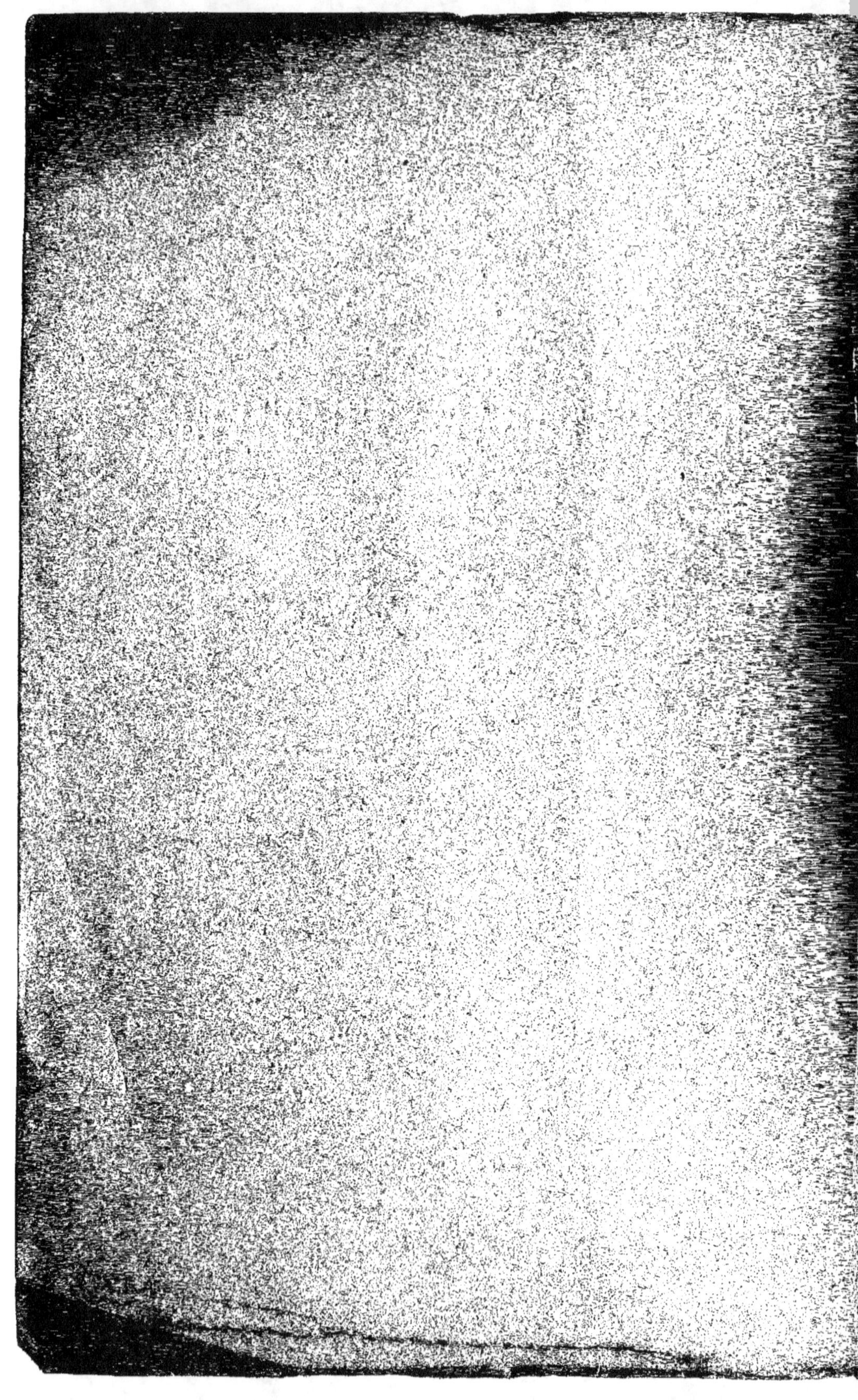

L'HÉRÉDITÉ

LA BETTERAVE CULTIVÉE

PARIS. — IMPRIMERIE GAUTHIER-VILLARS ET Cⁱᵉ,

70671   Quai des Grands-Augustins, 55.

Pierre-Louis-François LÉVÊQUE DE VILMORIN.
18 *Avril* 1816 — 21 *Mars* 1860.

Par ses études sur la Betterave à sucre
en a développé la richesse et la production à l'hectare.

L'HÉRÉDITÉ

CHEZ

LA BETTERAVE CULTIVÉE

Par M. Jacques Lévêque de Vilmorin

Licencié ès sciences,
Membre de l'Académie d'Agriculture.

Thèse de Doctorat, soutenue le 11 juin 1923
devant la Faculté des Sciences de Paris

MM. GENTIL, *Président.*
DANGEARD, *Examinateurs.*
PORTIER,

PARIS

GAUTHIER-VILLARS ET Cⁱᵉ, ÉDITEURS

LIBRAIRES DU BUREAU DES LONGITUDES, DE L'ÉCOLE POLYTECHNIQUE

Quai des Grands-Augustins, 55

A MON AMI

Le Docteur Jean CAMUS

PROFESSEUR AGRÉGÉ A LA FACULTÉ DE MÉDECINE DE PARIS,
MÉDECIN DES HOPITAUX DE PARIS.

DIVISION DES CHAPITRES.

Pages.

INTRODUCTION   I

CHAP.   I. — Les betteraves sauvages.   3

    Les espèces botaniques ; nos notes per-
      sonnelles.   3

    Nos observations en culture.   11

    Observations sur les betteraves sauvages. .   14

CHAP.   II. — Formes hybrides entre la betterave sau-
      vage et les différentes variétés cul-
      tivées.   17

    Généralités   17

    La betterave à sucre   19

    Betteraves fourragères, potagères et bettes.   22

CHAP. III. — Origine des variétés cultivées. Leur fixité
      plus ou moins grande.   25

    1. Les feuilles et pétioles.   25

    2. Les inflorescences.   26

    3. Les racines.   28

    4. Historique général.   32

      A. Betteraves sucrières.   33

      B. Betteraves fourragères.   45

      C. Betteraves potagères.   56

      D. Les bettes ou poirées.   65

Pages.

Chap. IV. — **Théories relatives à l'hérédité chez la betterave**............................... 68

   1. Époque ancienne.................... 68
   2. De 1850 à l'époque contemporaine... 69
   3. Époque contemporaine.............. 78
   4. Questions actuelles................. 85

     A. Les betteraves sont-elles annuelles, bisannuelles ou vivaces?................................ 85
     B. Coloration des Betteraves.................. 89
     C. Anomalies diverses observées dans nos cultures.. 98
     D. Pratique d'une sélection moderne........... 99
       Obtention et sélection des premiers choix........ 102
       Obtention et sélection des élites............... 105
       Obtention de la graine commerciale........... 107
     E. Commentaires au sujet de la sélection...... .. 112
       Hérédité de la richesse sucrière 117
     F. Difficultés de l'interprétation des résultats..... 121
     G. Notre position au point de vue des théories actuelles sur l'évolution 122
     H. Progrès possibles pour l'amélioration ultérieure des betteraves cultivées.................... 124

Bibliographie.............................. 129 à 140

Liste des figures............................. 141 à 144

Table analytique des Matières................. 145 à 153

L'HÉRÉDITÉ

CHEZ

LA BETTERAVE CULTIVÉE

INTRODUCTION.

L'étude de la Betterave, dans les champs d'expériences et les laboratoires de la Maison Vilmorin, nous avait été confiée il y a une quinzaine d'années. Pour les betteraves à sucre, nos expériences personnelles ont commencé en 1908, par une collaboration avec notre cousin Philippe de Vilmorin, M. Levallois, chimiste et M. Hallouin, notre chef du service des cultures. Nous avons entrepris en 1910 des travaux parallèles pour les betteraves fourragères. Ces expériences se sont continuées jusqu'à la date actuelle, avec le concours successivement de M. Mottet, de M. Meunissier génétiste, directeur de notre service scientifique, et de M. Cazaubon, chimiste.

En repassant les travaux de nos devanciers nous remarquons qu'au XIXe siècle, et au début du siècle présent, de nombreux sélectionneurs ont progressivement amélioré la plante en vue de sa plus grande utilité pour l'homme et pour l'économie rurale. Peu de chercheurs se sont préoccupés de l'origine de la betterave cultivée. Ce problème n'a été étudié que tout récemment par Proskowetz et surtout Munerati.

Pour élucider cette question fondamentale, nous avons consulté un certain nombre d'ouvrages de botanique, d'agronomie et d'horticulture, compulsé les principaux herbiers de France et d'Angleterre, enfin nous avons récolté des betteraves sauvages et nous les avons cultivées. Nous consacrerons un premier chapitre aux plantes qui sont l'origine des variétés cultivées : les betteraves sauvages.

On peut trouver des formes de transition entre certaines variétés de bette-raves cultivées et les betteraves sauvages. L'observation de ces formes a donné lieu à des ouvrages que nous analyserons. Au contraire, pour les bettes (Poirées) et un certain nombre de betteraves cultivées, les formes de transition ne sont pas connues et différents problèmes restent à résoudre. L'étude des formes hybrides et de ces divers problèmes fera l'objet du second chapitre.

Nous décrirons, dans le troisième chapitre, les betteraves et bettes les plus répandues en France et à l'étranger et nous les grouperons, autant que possible, par affinités héréditaires.

Nous montrerons dans un quatrième chapitre comment l'on a envisagé, dans la période moderne et contemporaine, la question de l'hérédité chez la betterave et celle de sa sélection. Nous donnerons enfin les résultats de nos travaux et les conclusions auxquelles nous sommes arrivés.

CHAPITRE I.

LES BETTERAVES SAUVAGES.

LES ESPÈCES BOTANIQUES ; NOS NOTES PERSONNELLES.

L'*Index Kewensis* (74) énumère 19 noms d'espèces linnéennes de betteraves et 30 autres comme synonymes. Voici les 19 espèces indiquées par l'*Index* avec leurs synonymes :

B. atriplicifolia Rouy.

B. Bourgaei Coss.

B. campanulata Coss.

B. carnulosa Gren.

B. chilensis Hort.

B. diffusa Coss. (syn. : *procumbens* Lange).

B. hybrida Andrz.

B. intermedia Bunge.

B. lomatogona Fisch. (syn. : *longespicata* Moq.).

B. macrorhiza Stev.

B. nana Boiss.

B. patellaris Moq.

B. patula Soland.

B. procumbens Chr. Sm. (syn. : *hastata* Desf., *sylvestris* Hort.).

B. rubra Delile.

B. rubra Noronha.

B. trigyna Waldst. (syn. : *Cicla* Georgi, *Cycla* Pall.).

B. vulgaris Linn. (syn. : *alba* DC., *altissima* Hort., *bengalensis* Roxb., *Cicla* Linn., *crispa* Tratt., *decumbens* Mœnch, *esculenta* Salisb., *foliosa* Ehrenb., *hortensis* Mill., *incarnata* Hort., *lutea* Hort., *macrocarpa* Guss., *marina* Crantz., *maritima* Linn., *Noëana* Bunge, *orientalis* Roth., *purpurea* Hort., *Rapa* Dum., *rapacea* Hegetschw., *rosea* Hort., *sativa* Bernh., *stricta* C. Koch, *sulcata* Gasp., *triflora* Salisb.).

B. Webbiana Moq. (syn. : *pumila* Link).

Parmi les espèces indiquées par l'*Index*, le *Beta carnulosa* Gren. (in Gren. et Godr. *Fl. Fr.*, III, 16, *Gallia*) paraît un synonyme de *Beta erecta*, lui-même variété du **Beta vulgaris**, L.

Le *Beta campanulata* Coss. est considéré par M. Maire, qui l'a étudié, comme une variété du **B. patellaris** Moq.

Nous ne les conserverons donc pas dans notre liste des espèces.

Nous n'y pouvons garder non plus le *Beta chilensis* Hort. et le *Beta rubra* Noronha : le *Beta chilensis* Hort. est une simple variété horticole (¹). Nous ne connaissons pas exactement l'origine botanique de cette forme appelée en horticulture « Bette ou Poirée du Chili ». Nous la citons donc ici seulement pour indiquer le problème de l'origine des bettes. Elle doit sans doute, être rapportée au **Beta vulgaris** L. Ce *Beta chilensis* Hort. possède une intense coloration jaune orangé peu commune.

Le nom de *Beta rubra* Noronha, figure comme un simple nom, « nomen nudum », c'est-à-dire sans description botanique, dans la *Relatio plantarum javensium interfactione usque in Bandon recognitarum a F.* Noronha : (*Verhandelingen van het Bataviasch Genootschap der Kunsten en Wetenschapen* by Pieter van Geemen, 1790), ouvrage et édition qui n'existent à notre connaissance, que dans les bibliothèques hollandaises. On ne peut donc tenir compte d'un simple nom botanique sans description d'espèce.

D'autre part, M. Van der Stok, directeur des services agricoles à Java, nous a écrit qu'il n'existait pas de *Beta rubra* Noronha aux Indes néerlandaises. Il ajoute : « le Dʳ J. J. Smith, directeur de l'herbier, affirme que toutes les variétés du *Beta rubra* cultivées dans les colonies hollandaises par les horticulteurs indigènes sont importées d'Europe. La plante dégénère aux Indes et on l'importe périodiquement d'Europe. Il n'existe, dans les colonies hollandaises, aucune autre espèce du genre **BETA** cultivée par les indigènes (²). »

On ne peut donc retenir que 15 groupes linnéens dont voici l'énumération :

A. **Beta trigyna** Waldst.
B. **Beta lomatogona** Fisch. (*B. longespicata* Moq.).
C. **Beta vulgaris** L. (*B. maritima* L.).
D. **Beta nana** Boiss.
E. **Beta patellaris** Moq., et sa variété (*B. campanulata* Coss.).
F. **Beta procumbens** Chr. Sm.
G. **Beta diffusa** Coss.
H. **Beta Webbiana** Moq.
I. **Beta patula** Soland.
J. **Beta macrorhiza** Stev.
K. **Beta intermedia** Bunge.
L. **Beta Bourgaei** Coss.

(¹) *Gardeners Chronicle*, t. I, 1870, p. 449.

(²) Nous considérons, pour notre part, que ce que le Dʳ J.-J. Smith appelle *Beta rubra* est du *Beta vulgaris* L., variété horticole *rubra* (betterave cultivée rouge; betterave à salade).

Fig. 2. — *Beta maritima* en fructification, cultivé à Verrières (Voy. page 12).]

Fig. 3. — *Beta maritima* (Îlot de la Gabinière) cultivé à Verrières (Voy. page 12).

Pages 4 et 5.

Fig. 4. — *Beta maritima* (polders de Bouin) (herbier Vilmorin) (Voy. page 15).

M. **Beta hybrida** Andrz.

N. **Beta rubra** Delile.

O. **Beta atriplicifolia** Rouy.

D'autre part, nous indiquerons une forme qui nous a frappé comme distincte dans l'herbier du Muséum de Paris, le *Beta foliosa* Hskn. Cette plante a un facies très particulier avec ses feuilles rondes, épaisses, alternes, ses fleurs axillaires. Le professeur Bornmüller, directeur de l'herbier Haussknecht, nous confirme que c'est un simple nom sans description botanique. La plante n'a pas été retrouvée en Orient depuis Haussknecht (Pl. VII, *fig.* 13).

Il nous paraît donc actuellement impossible d'élever cette forme, et encore moins d'autres formes vues dans différents herbiers, à l'état d'espèces linnéennes. Il serait nécessaire, pour cela, d'avoir examiné les plantes dans leur habitat naturel, ou de les avoir cultivées en champ d'expérience; il faudrait, de plus, de nombreux échantillons d'herbier.

Nous dirons la même chose d'une forme très velue observée par M. Ducellier aux environs de Casablanca.

Quant à l'habitat des espèces énumérées ci-dessus par l'*Index Kewensis*, il est : Maritime pour les 7 espèces suivantes :

Beta vulgaris Linn., **Beta patellaris** Moq., **Beta procumbens** Chr. Sm., **Beta Webbiana** Moq., **Beta patula** Soland., **Beta Bourgaei** Coss., **Beta diffusa** Coss.

Continental et européen pour les 4 espèces suivantes :

Beta trigyna Waldst, **Beta nana** Boiss., **Beta hybrida** Andrz., **Beta atriplicifolia** Rouy.

Continental et extra européen pour les 4 espèces suivantes :

Beta lomatogona Fisch., **Beta macrorhiza** Stev., **Beta intermedia** Bunge, **Beta rubra** Delile.

Ces mêmes espèces sont considérées comme :

Annuelle : **Beta procumbens** Chr. Sm.;

Annuelle ou bisannuelle : **Beta patellaris** Moq.;

Annuelle, bisannuelle ou vivace : **B. vulgaris** L.;

Bisannuelles : **Beta patula** Soland., **Beta Bourgaei** Coss.;

Bisannuelle ou vivace : **Beta diffusa** Coss.;

Vivaces : **Beta trigyna** Waldst, **lomatogona** Fisch., **nana** Boiss., **macrorhiza** Stev., **intermedia** Bunge, **atriplicifolia** Rouy;

Vivace et suffrutescente : **Beta Webbiana** Moq.

Nous manquons de renseignements sur deux espèces : **Beta hybrida** Andrz., **B. rubra** Delile.

Il nous est très difficile de faire la critique rigoureuse des espèces que nous retenons; il faudrait, pour cela, entreprendre à nouveau toute la monographie du genre. Nous exposerons seulement ce qui suit :

Un examen des plantes en herbier permet de faire certaines observations intéressantes pouvant aider à distinguer assez facilement les unes des autres la plupart des espèces botaniques de **BETA**. Voici les espèces chez lesquelles nous avons remarqué des caractères très apparents.

A. **Beta trigyna** Waldst. — C'est une plante très développée, la plus grande du genre et tout à fait distincte dans l'ensemble.

Au jardin botanique de Montpellier elle est devenue subspontanée et vivace (*fig.* 5). Elle y est très vigoureuse et se reproduit abondamment. Près de Weimar, à Possenbach (Belvédère), elle s'est aussi naturalisée depuis 25 ans, d'après les renseignements qui nous ont été donnés par M. Bornmüller. (*Voy.* Glomérules, Pl. VI, *fig.* 1.)

Dans l'herbier de Kew, on trouve des échantillons de **B. trigyna** Waldst. originaires d'Anatolie, de l'Arménie turque et de Simferopol (Crimée). Dans l'herbier Lenormand à Caen, il y a un bel exemplaire venant de Bucarest.

Proskowetz (140 et suiv.), au sujet du **B. trigyna** Waldst., se montre sceptique quant à la qualification d'espèce. Il le considère comme une variété cultivée retournée à l'état sauvage. Il pense que c'est par suite de l'influence du climat que ce **BETA** est devenu vivace. Nous ne pouvons nous ranger à son avis; les **B. trigyna** Waldst., que nous avons vus ou cultivés, et l'échantillon de l'herbier Ph. de Vilmorin, indiquent une plante très différente du **B. vulgaris** L. Nous en donnons les caractéristiques page 12.

Fron (50) a observé que, chez les **BETA**, l'assise génératrice libéro-ligneuse de la tige, qui fonctionne d'abord dans l'intérieur des faisceaux libéro-ligneux primaires, conserve son activité pendant un temps très court ainsi que chez les **OBIONE** et les **SALICORNIA**. Par contre, chez certains **SPINACIA** et chez le **Beta trigyna** Waldst., cette même assise génératrice fonctionne très longtemps, aussi bien dans l'intérieur des faisceaux que dans leur intervalle. Ce n'est que très tardivement, lorsque chez ces plantes la végétation est très avancée, que l'on voit, en certains points correspondant aux faisceaux primaires, l'assise génératrice cesser de fonctionner; des cloisonnements établis dans le péricycle, au dos du liber, viennent alors réunir les deux bords restés libres de l'assise normale.

Ce fait est d'autant plus curieux que, chez ces mêmes plantes, la racine s'accroît par des formations péricycliques qui se produisent d'une manière très précoce, comme dans la racine du **B. trigyna** Waldst., par exemple. Il existe donc, à ce point de vue, chez ces espèces, une différence très nette entre la racine et la tige.

B. **Beta lomatogona** Fisch. (*B. longespicata* Moq.). — Plante très spéciale par ses épillets à fleurs nombreuses, serrées, ayant l'aspect, dans certains échantillons, des épis d'un *Polygonum persicaria;* feuilles radicales et caulinaires très longuement pétiolées. Elle présente aussi une certaine ressemblance d'aspect avec le **B. trigyna** Waldst. Boissier (15) l'a remarqué et il ajoute qu'il n'en diffère que parce que ses fleurs sont monogynes et non trigynes.

Proskowetz (140 et suiv.) remarque combien les feuilles radicales du **B. lomatogona** Fisch. ressemblent à celles du *B. maritima* L. Il fait une analyse détaillée des conditions climatériques dans lesquelles ont été récoltés les échantillons de Meyer cités par Hohenacker (74).

C. **B. vulgaris** L. et *B. maritima* L. — De même que de nombreux auteurs nous ne trouvons pas de différence entre le **Beta vulgaris** L. et le *Beta maritima* L. Tout ce que nous avons vu, tant sous une dénomination que sous une autre, pourrait être réuni. (*Voy.* Pl. VI, *fig.* 2 et 2 *bis.*)

L'aire de dispersion de la plante est grande : nous avons vu, à Paris et à Montpellier, des échantillons d'herbier provenant des côtes de France et d'autres pays méditerranéens. A Kew nous avons vu des échantillons récoltés dans le Schleswig, puis à Malacca, sous le nom de *maritima* L.; d'autres provenaient du Mexique, de l'Uruguay; dans l'herbier d'Édimbourg se trouvent des spécimens provenant de Chine. Tous ces échantillons ont été récoltés dans des localités maritimes; cependant à Kew, nous avons vu un exemplaire provenant des environs du Caire, exemplaire très réduit, se rapprochant du **Beta nana** Boiss.; et, dans l'herbier de Montpellier, un exemplaire provenant de la Sierra del Cuarto, à 1500^m d'altitude. (*Voy.* Pl. VI, *fig.* 3.)

A Montpellier, nous avons vu un *Beta maritima* L., très filiforme, récolté au Lido (Venise).

Une variété *bengalensis* Roxb. paraît bien distincte : elle est beaucoup plus grêle dans toutes ses parties que les échantillons de **B. vulgaris** L. et cela dans tous les herbiers où nous avons pu l'examiner. Proskowetz la cite en plusieurs endroits et l'a même cultivée.

Au sujet de la variété *Cicla* L., nous avons remarqué dans les échantillons d'herbier, à Édimbourg et à Paris, comme Moquin (107) l'indique, des fleurs solitaires ou doubles plus espacées que dans *maritima* L. ou **vulgaris** L. Nous avons observé plusieurs exemplaires caractéristiques de *Beta cicla* L., qui portaient, en outre, une bractée foliacée de 5^{mm} à 1^{cm} à la base de chaque inflorescence. Ce dernier caractère n'est pas absolument distinctif, le **Beta vulgaris** L., dont l'inflorescence est d'ailleurs polymorphe, présente aussi, quelquefois, des bractées plus ou moins développées (*fig.* 9, page 21).

D. **B. nana** Boiss. — Plante naine dans toutes ses parties, toujours la même dans tous les herbiers. Bien caractéristique.

E. **B. patellaris**, Moq. — Bien particulier par ses feuilles deltoïdes ou en triangle peu allongé, aiguës, plutôt épaisses; glomérules ronds, petits, ayant l'aspect d'une graine de *Spinacia*. Un exemplaire a été cultivé à Thurelles (région parisienne) par Cosson. (*Voy.* Pl. I, II, et III et Pl. VII, *fig.* 8.)

B. campanulata Coss. — Cette espèce n'est pas décrite. Nous avons été frappé de l'aspect particulier des fruits de la plante qui se trouve dans l'herbier Cosson sous le nom de *Beta campanulata* (nom donné par Cosson) et qui présentent une petite collerette ligneuse campanulée, très curieuse et caractéristique.

A Kew et à Édimbourg, sur des exemplaires de **Beta procumbens** Chr. Sm., on trouve des fruits à sépales nettement durs et scléreux, genre « campanulata », au milieu d'autres ressemblant au dessin que nous avons fait à Montpellier d'après l'exemplaire « E. Bourgeau, *plantæ canarienses*, n° 1238 ». (*Voy.* Pl. VII, *fig.* 10 et 12.)

M. Maire, d'Alger, avec lequel nous avons correspondu à ce sujet, nous écrit : « J'ai trouvé à Agadir le *Beta campanulata* Coss., ou du moins ce que je crois l'être, car je ne l'ai pas encore comparé avec le type.

« Cette plante, dont j'ai quelques fruits mûrs, que je tâcherai de semer, me paraît être extrêmement voisine du **B. patellaris** Moq., très commun là-bas. Je ne l'ai pas distinguée sur place; ce n'est qu'en examinant les fruits des spécimens que j'avais récoltés comme **B. patellaris**, que j'ai trouvé des individus à fruits conformes à votre dessin, d'ailleurs autrement tout à fait semblables au **B. patellaris**. Il me semble qu'il n'y a là qu'une variété à limbe étalé et non replié ».

Nous adhérons tout à fait à la manière de voir de M. Maire qui tend à ne faire du *B. campanulata* Coss. qu'une simple variété du **B. patellaris** Moq. On trouve en effet cette forme de **BETA** dans un certain nombre d'herbiers sous des noms divers, **patellaris** ou **procumbens**. Par exemple : **Beta patellaris** Moq., Montpellier, Herbier Herman Knoche (Flora Canary Islands, excursion 40, 1915, n° 681. Fuerteventura, la Matilla) : fruit identique au *B. campanulata* Coss., feuilles plus grandes à la base des rameaux.

Nous avons reçu, du jardin botanique de Madrid, des graines sous le nom de **B. procumbens** Chr. Sm., identiques aux fruits du *B. campanulata* Coss. Nous les avons semées en mai 1923.

F. **Beta procumbens** Chr. Sm. — Feuilles lancéolées, très souvent hastées, présentant un pétiole de 1^{cm} à $1^{cm},5$, assez larges (5^{mm} à 8^{mm}),

3^{cm} à 4^{cm} de long; plante très feuillue à la base comme le remarque Chr. Smith, hampes serrées, glomérules ronds paraissant à une loge, ressemblant à ceux du **B. patellaris** Moq., mais avec des traces de sépales. (*Voy.* Pl. IV.)

G. **Beta diffusa** Coss. — Cette plante assez caractéristique présente un port diffus. Ses rameaux sont faibles, minces et allongés. Ses feuilles deltoïdes ou cordées et alternes sont peu épaisses à l'inverse du **B. patellaris** Moq. Ses fleurs sont axillaires et réduites.

Nous avons tenu à énumérer ces trois espèces **B. patellaris** Moq., **B. procumbens** Chr. Sm. et **B. diffusa** Coss. à la suite. A part la variété *campanulata* Coss., très distincte par son fruit bombé et entouré d'un périgone nettement campanulé, représenté planche VII, *figure* 10, ces trois espèces ont des fruits se ressemblant beaucoup. L'herbier du Muséum de Paris réunit le **B. patellaris** Moq. et le **B. diffusa** Coss. Spach a pris la responsabilité de cette identification. Gay les a réunies dans un exsiccata : « plantæ canarienses 1523 ». Les planches que nous donnons montrent trois **B. patellaris** Moq. : l'une (planche n° I) (Mardochée, 1875) présente une très jeune plante; la planche III, une plante à feuilles plus petites, plus épaisses; la planche II, une forme intermédiaire entre les deux premières. Le **B. procumbens** Chr. Sm. (planche n° IV) est nettement distinct des **B. patellaris** Moq. et **diffusa** Coss.

H. **Beta Webbiana** Moq. — Cette plante se rapproche, au point de vue aspect de feuillage, du **B. procumbens** Chr. Sm. Elle en a la feuille hastée mais plus étroite. Les glomérules sont ronds avec des petites traces de sépales autour du centre qui est en ombilic saillant. La face inférieure des glomérules du **B. Webbiana** Moq. est pentagonale (planche VII, n° 9). Il y a de beaux échantillons d'herbier à Montpellier, Kew et Edimbourg.

I. **Beta patula** Soland. — Très caractérisé par ses feuilles nombreuses, linéaires (*fig.* 8), les moyennes mesurant 2^{cm} à 3^{cm} de longueur sur 2^{mm} à 5^{mm} de largeur; celles du sommet des tiges plus courtes, celles de la base plus longues; les glomérules sont situés à l'aisselle des feuilles qui sont alternes; le facies de cette plante est sans doute unique dans le genre **BETA**. Fruit gros, plus gros encore que dans **B. Bourgaei** Coss.

J. **Beta macrorhiza** Stev. — Très distinct, en fleurs, par son périgone lacinié.

K. **Beta intermedia** Bunge. — C'est une grande plante à fleurs longuement pétiolées, à fleurs 1-3 gynes, sessiles, sur un axe allongé. Il y en a de beaux échantillons à Kew.

L. **Beta Bourgaei** Coss. — Gros glomérules, feuilles petites. Typique par ses fruits à disque relevé nettement en cupule autour des styles; quelques échantillons sont à fruits petits. (*Voy.* Pl. VII, *fig.* 11 et 11 *bis.*)

Le *Beta macrocarpa* Guss (glomérules, *fig.* 1, page 16) est, selon de nombreux auteurs, identique au **B. Bourgaei** Coss. (et non synonyme du **Beta vulgaris** L., comme l'indique l'*Index Kewensis*). L'herbier général du Muséum de Paris réunit les deux plantes; de même l'herbier Cosson. Dans celui-ci quelques plantes portent à la fois le nom de **vulgaris** L. et de *macrocarpa* Guss. (**Bourgaei** Coss). L'un d'eux (1) porte cette mention :

B. vulgaris Moq., var. *macrocarpa* : « Subvarietas ad Betam Bourgaei vergens ». Heldreich identifie le *Beta macrocarpa* Guss. avec le **B. Bourgaei** Coss. et le déclare totalement différent du *Beta maritima* L. De même que tous ces auteurs, nous trouvons que le *Beta macrocarpa* Guss. est synonyme de **Beta Bourgaei** Coss. dont il a tout l'aspect.

M. **Beta atriplicifolia** Rouy (152). — Espèce tout à fait particulière par sa tige triquètre, profondément canaliculée. Fleurs alternes, petites, à rameaux allongés.

M. P. Monteil (106) a donné un certain nombre de caractères histologiques intéressants qui permettent de distinguer les **Beta vulgaris** L., *maritima* L., **lomatogona** Fisch. et **procumbens** Chr. Sm.

Au point de vue histologique, Monteil établit des différences entre le **Beta vulgaris** L. et le *Beta maritima* L. Dans le premier (betterave cultivée), il trouve la cuticule de l'épiderme assez mince; plus épaisse au contraire dans le *Beta maritima* L. (betterave sauvage). Les faisceaux libéro-ligneux sont épars dans la nervure médiane du **Beta vulgaris** L.; groupés au contraire dans celle du *Beta maritima* L. Dans ce dernier ils ont chacun leur endoderme particulier. Les faisceaux du *B. maritima* L. ont un liber plus développé que dans le **Beta vulgaris** L., mais le collenchyme péricyclique protecteur se réduit.

Le **Beta lomatogona** Fisch. se rapproche beaucoup du *B. maritima* L., mais s'en distingue par son mésophylle à une seule rangée de cellules palissadiques.

Chez le **Beta procumbens** Chr. Sm., contrairement aux espèces précédentes, la nervure médiane ne comprend qu'un seul faisceau libéroligneux.

Plusieurs auteurs, dont Proskowetz (140 et suiv.), se sont occupés des betteraves sauvages. Cet auteur étudie les trois espèces indigènes aux Canaries : **patellaris** Moq., **procumbens** Chr. Sm. et **Webbiana** Moq.; ces deux dernières particulières à ces îles. Il émet l'opinion suivante : « les betteraves sont venues aux Canaries par l'Afrique ou les côtes médi-

---

(1) Balansa, *Plantes d'Algérie*, 1853.

terranéennes; les formes nouvelles observées aux Canaries sont le produit d'une évolution due au climat ».

Cette explication ne correspond peut-être pas à la réalité. A notre avis, il a pu ne pas y avoir évolution due au climat; mais, parmi des formes probablement hybrides parvenues aux Canaries, le climat a pu favoriser le développement de certains types qui se sont fixés; les autres formes ont disparu.

Proskowetz a cité, parmi les plantes trouvées par lui à l'état sauvage, à Locrana près d'Abbazia, toute une colonie de betteraves (*Beta maritima* L.) dont certaines étaient rouge intense. Il décrit même en détail un exemplaire de $1^m,50$ de haut, coloré de rouge, et à côtes développées. Il nous semble bien possible que cet exemplaire, qui tranchait comme vigueur et aspect avec ses voisins, ait été un simple hybride.

Munerati dans plusieurs ouvrages, et spécialement dans « Osservazioni sulla *Beta maritima* L. », s'est occupé aussi en détail de la betterave sauvage. Nous analyserons ses très importants travaux au Chapitre IV.

NOS OBSERVATIONS EN CULTURE.

Nous avons cultivé un certain nombre de **BETA** en champ d'expérience. Les graines provenaient en majeure partie de divers jardins botaniques.

Il est à remarquer que le plus grand nombre des échantillons de graines ainsi reçus ne reproduisent tout simplement que des betteraves cultivées, fort éloignées des formes sauvages, ou bien, parfois, des hybrides. Les autres observateurs ayant cultivé avant nous des betteraves sauvages, notamment Proskowetz, indiquent aussi les déconvenues qu'ils ont eues dans ce sens.

Rares sont les correspondants qui nous ont envoyé de la betterave sauvage authentique, **vulgaris** L. et *maritima* L., notamment. La fécondation croisée chez la betterave est la règle; le pollen, très léger et abondant, est porté très loin par le vent. Les jardins botaniques qui récoltent leurs graines sont exposés à des hybridations, soit par les betteraves entre elles, soit par les betteraves cultivées, situées dans des champs ou jardins appartenant à des tiers, et souvent à grande distance. Ce fait de l'hybridation habituelle chez les betteraves est extrêmement important; il doit être signalé dès le début de notre travail. La présomption d'une hybridation possible doit être toujours présente à l'esprit de l'observateur. Seules les betteraves autofécondées sous isoloir ou provenant d'une localité fort éloignée de tout champ ou jardin où se trouvent des betteraves cultivées, ont chance de ne pas être hybridées.

Nos betteraves ont été semées le 1er mai, tant en 1921 qu'en 1922; des observations ont été faites de temps en temps jusqu'à l'automne.

— 12 —

Beta trigyna Waldst. — Provenances : jardins botaniques de Lyon et de Dublin (un lot de graines d'une autre provenance a été du **B. vulgaris** L.).

Les graines, semées en mai, n'ont levé qu'à la fin de l'été. Elles ont formé une rosette de feuilles de 35^{cm} à 40^{cm} de diamètre ; les feuilles étaient lancéolées, vert foncé, légèrement rugueuses ; le pétiole teinté de rose violacé à la base. Ces plantes étaient conformes à la description de Waldstein et Kitaibel et identiques à celles cultivées au Muséum d'Histoire naturelle de Paris et à Svalöf (Suède) ; les plantes ont fleuri et fructifié la seconde année (*fig.* 5, 6 et 7 et Pl. VI, *fig.* 1).

Beta vulgaris L. (*Beta maritima* L.). — Nous avons eu divers lots de provenances diverses et plus ou moins hybridés. Un lot originaire du jardin botanique de Dublin, cultivé sous le n° 5243, s'est montré uniforme sous tous rapports. Il n'y a pas eu de plantes montant à graine la première année. Le feuillage était étalé en rosette, lisse, vert foncé, obovale lancéolé, bien homogène ; les pétioles verts ou à peine teintés de rose. Les feuilles avaient 35^{cm} à 40^{cm} de long en tout ; le pétiole 20^{cm} de longueur. Nous avons analysé les huit racines obtenues qui nous ont donné les poids et richesses suivants :

Richesse	13.3	11,6	12.3	13,7	14,6	13,2	12.5
Poids en gram	590	240	240	250	220	170	140

Un autre lot provenant du jardin botanique de Marseille, cultivé en 1922 a présenté des caractéristiques analogues.

Une plante intéressante (*fig.* 2 et 3) originaire des Iles d'Hyères (Ilôt de la Gabinière) et récoltée en 1912 par notre collaborateur Meunissier, s'est maintenue sans variation dans notre champ d'expérience de Verrières ; les individus hybridés ont été rares.

Une particularité de ce lot est de monter à fleur dès la première année, quoique tout à fait en fin de saison, par des ramifications latérales, d'abord diffuses, puis dressées.

La dimension des plantes est de 40^{cm} de hauteur en moyenne ; le port est rameux ; les rameaux et les feuilles sont verts, légèrement lignés et teintés de rose violacé, au moins chez les plantes existant actuellement à Verrières. Notre attention n'avait malheureusement pas été attirée sur la question de la pigmentation, et celle-ci n'a pas été examinée en 1913 sur les plantes provenant de graines récoltées aux îles d'Hyères, et les échantillons d'herbier de cette année là ne peuvent nous donner aucune indication à cet égard. Cependant, comme les plantes de 1921 et 1922 sont absolument conformes aux plantes originelles, il n'y a pas lieu de croire à une hybridation, et les plantes de première année devaient présenter de très légères traces de pigment. Les dimensions des feuilles sont

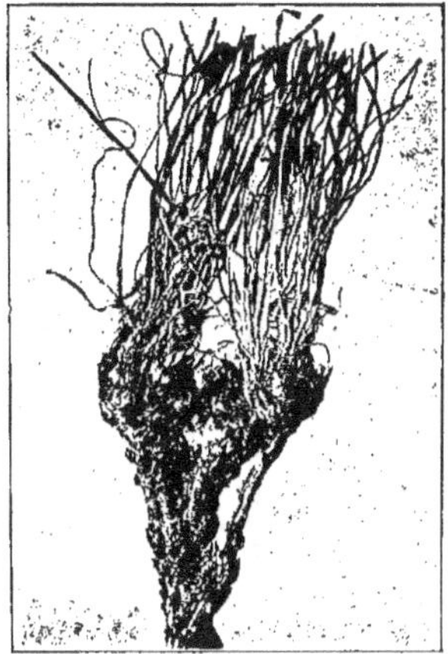

Fig. 5. — *Beta trigyna* (racine âgée de plusieurs années) (Voy. page 6).

Fig. 6. — *Beta trigyna* (feuilles) (Voy. page 12).

Pages 12 et 13.

Fig. 7. — *Beta trigyna*, inflorescences (herbier Vilmorin) (Voy. page 6).

les mêmes que dans le lot de Dublin cité plus haut, mais en diffèrent très nettement par le bord de la feuille qui est très frisé et ondulé. Nous montrons (*fig.* 2) une betterave sauvage montant à graine la deuxième année.

B. patula Soland. — Ce **BETA** a été cultivé par Proskowetz (140) qui n'a pu faire d'analyse parce que la racine était trop ligneuse. Les graines qui nous ont été envoyés par le jardin botanique de Dublin, ont donné des plantes assez diverses comme port et feuillage. La moitié des plantes est montée à graine la première année; les racines étaient jaunes ou rose pâle. Le poids des racines variait de 220^g à 500^g. Le chiffre de polarisation oscillait entre 8 et 13 pour 100. Le lot était probablement hybridé (*fig.* 8).

Beta Bourgaei Coss. — Nous avons cultivé des **Beta Bourgaei** Coss. reçus sous ce nom du jardin botanique de Rome, et d'une autre provenance sous le nom de *B. maritima* L.. Les plantes obtenues ont un feuillage plus réduit que dans le *Beta maritima* L.. Toutes les plantes montent à graine dès la première année. Le pigment rose violacé est plus ou moins abondant selon les individus. Certains ont des rameaux entièrement rose violacé; d'autres ont les glomérules teinté de rose rougeâtre assez vif.

Beta chilensis Hort. — (Jardin botanique de Genève). Plantes d'aspect peu homogène. Tout est de la poirée plus ou moins colorée, ce qui répond d'ailleurs à la description purement horticole de cette plante.

Enfin, nous avons cultivé des plantes reçues sous le nom de **B. patellaris** Moq. et de **B. rubra** qui n'étaient que du **B. vulgaris** L.

En résumé, dans nos cultures personnelles, nous n'avons pas trouvé, jusqu'à présent, une grande richesse en sucre dans les quelques racines de betteraves sauvages que nous avons pu analyser. Les plus grandes richesses observées sont les suivantes : **Beta vulgaris** L. (N° 5243) donne une racine avec 14,6 pour 100 de sucre et **Beta patula** Soland. (N° 5251) une racine avec 13 pour 100 de sucre.

M. Saillard (159), dans une communication du 6 février 1922 à l'Académie des Sciences sur la composition des betteraves sauvages récoltées à Primel, Trégastel (Finistère) indique les richesses en sucre suivantes : 13,80 minimum, 19,60 maximum, c'est-à-dire des résultats élevés.

M. Munerati nous a écrit en 1921, pour nous indiquer que le brix optique de deux Betteraves sauvages récoltées par lui a été de 24,3 et 23,2, ce qui correspondrait à des richesses en sucre, pour 100^g de pulpe, aux environs de 20 pour 100.

OBSERVATIONS SUR LES BETTERAVES SAUVAGES.

Il importe de choisir, comme matériel d'étude, des betteraves véritablement sauvages, et non des plantes accidentellement hybridées par des betteraves cultivées. Nous exposons plus loin l'intérêt que présente l'étude des pigments des betteraves, et le fait qu'on n'a pas rencontré de *Beta maritima* L. ou **Beta vulgaris** L. réellement sauvage qui présente du pigment rose ou jaune en grande abondance, surtout dans la racine.

Ainsi que nous l'avons exposé page 11, on ne saurait jamais être assez difficile en fait de matériel d'étude ; il y a toujours danger d'hybridation avec des variétés cultivées chez une plante essentiellement soumise à la fécondation croisée. Parmi les betteraves que nous avons vues et même récoltées, il faut écarter un grand nombre d'échantillons recueillis à une distance où le croisement avec des betteraves cultivées était possible. On admet, dans la pratique de la culture à graine, qu'il faut 800^m d'éloignement de tout autre individu du genre **BETA** pour avoir quelque présomption sérieuse de non hybridation. Il faut augmenter cette distance s'il s'agit de champs entiers de betterave à graine. Il faut donc chercher des betteraves sauvages aussi loin que possible des cultures et jardins. Nous avons remarqué deux localités qui nous paraissent répondre aux conditions désirées : les levées de la digue de la Vire à son embouchure au-dessous d'Isigny et le cap Levy près Cherbourg. Le *Beta maritima* L. habite une zône littorale assez étroite entre la zône des salicornes, **SUEDA**, etc. et l'endroit où commence la flore de l'intérieur du pays. Cette zône se limite quelquefois comme largeur à 1^m ou 2^m. Là où le relief du pays est très faible, et où il y a des plages, elle s'étend quelquefois à quelques dizaines de mètres, rarement plus. La Betterave sauvage affectionne les terrains cailidouteux, les sables ; elle s'installe quelquefois sur les dépôts de varech. Nous l'avons cherchée en vain aux environs de Cherbourg, au pied des régions de falaises de Gréville, de Landemer au grand Catel, et de l'anse de Brick à la pointe du Brulay, où nous avons été conduits par M. Corbière (34), auteur de la *Flore de Normandie ;* ces localités étaient éloignées de toute culture de betterave et nous espérions y trouver des plantes à l'abri de toute hybridation fortuite. Nos recherches ont été vaines. Par contre, on en trouve au pied des falaises de la région de Boulogne.

On la trouve aussi dans la vallée de la Garonne et de ses affluents ainsi que l'indiquent Dupont et Riffard (44). Elle s'y comporte comme une mauvaise herbe difficile à détruire. Dans ces localités la betterave sauvage ne monte à graine que la deuxième année ; elle est vivace et donne de la graine plusieurs années consécutives ; elle n'est pas colorée, sauf à la base du pétiole qui est rouge.

Dans les localités visitées au bord de la mer, les plantes étaient généralement à port étalé : on voyait à peine quelques rameaux érigés sur les fortes touffes ; celles qui se trouvaient sur des vases ou sur des sables avaient souvent les rameaux entièrement appliqués sur le sol.

Les plantes observées du 8 au 11 septembre 1922, présentaient deux stades de végétation : les unes, petites et peu développées, avaient seulement une rosette de feuilles et généralement pas de rameaux florifères ; elles doivent provenir des graines de 1921 et fleuriront en 1923. Certaines plantes, assez rares à ce stade de végétation, présentaient un ou deux rameaux florifères à peine développés qui auront du mal à donner de la graine fertile en 1922. Nous avons observé, comme Munerati (109 et suiv.), d'assez grandes différences individuelles dans la forme et la dimension des feuilles ; le limbe était plan ou frisé au bord, suivant les individus (¹).

Les autres, qui possédaient de fortes racines quelquefois très ligneuses, ramifiées, généralement épaisses, souvent de 4^{cm} à 5^{cm} au collet, étaient manifestement des plantes installées depuis 1921, ou avant.

Il ne semble donc pas qu'il y ait des betteraves sauvages annuelles en Normandie. En 1922 (année fraîche et peu ensoleillée) tout l'ensemble est constitué par des betteraves montant la deuxième année et des betteraves vivaces.

Les racines étaient généralement fourchues ; cependant quelques jeunes betteraves, provenant de graines de 1921, poussées sur des amas naturels de varech, présentaient une forme assez régulièrement pivotante (*fig.* 11, 12 et 13). Nous parlerons en détail, Chapitre IV, des colorations de ces betteraves sauvages. Dans aucune station, et même près des lieux habités, nous n'avons trouvé de betterave ayant du pigment jaune.

Sur la digue de la Vire, à un endroit isolé de toute betterave cultivée, nous avons relevé les colorations des betteraves sauvages. Nous avons trouvé :

8 pour 100 des plantes à rameaux et glomérules entièrement verts.

4 pour 100 des plantes présentant des glomérules rouge violacé à la base (disque des styles rouge, bas des sépales rouge, et des rameaux fortement teintés de même couleur).

88 pour 100 des plantes à rameaux plus ou moins rouge violacé et plus ou moins intense ; les extrémités des rameaux et les feuilles étaient toujours vertes.

Le pigment s'étendait quelquefois au collet des racines qui était parfois rose. Les premiers jours d'octobre, à notre second passage, nous avons

---

(¹) Certaines betteraves présentent des rosettes de feuilles à l'extrémité des rameaux florifères (*fig.* 4).

observé sur certaines plantes un commencement de brunissement des feuilles qui débutait par la partie centrale du limbe, le long des principales nervures.

Dans le voisinage du fort de la Hougue, nous avons trouvé deux plantes extrêmement colorées de rouge; la racine même était rouge, au moins au collet. A côté de cette plante nous en avons trouvé plusieurs qui avaient de gros feuillages extrêmement diffus rappelant les betteraves cultivées. Nous avons pensé qu'il s'agissait là d'une hybridation accidentelle produite par des betteraves cultivées dans le fort où il y a eu des jardins militaires pendant toute la guerre; il y existe encore maintenant des jardins où se trouvent souvent des betteraves potagères qui peuvent hybrider les betteraves sauvages.

Fig. 1. — Glomérules de *Beta macrocarpa* Guss., récoltés à Perrégaux (Algérie) par M. Ducellier 1922. (*Voy.* p. 10.)

CHAPITRE II.

FORMES HYBRIDES ENTRE LA BETTERAVE SAUVAGE ET LES DIFFÉRENTES VARIÉTÉS CULTIVÉES.

GÉNÉRALITÉS.

Nous avons eu, dans le Chapitre précédent, un aperçu de ce que sont les betteraves sauvages. Les betteraves cultivées, les sucrières par exemple, sont très différentes d'aspect : leur feuillage est beaucoup plus volumineux, les racines plus grosses et charnues. Entre la forme sauvage et la forme cultivée on a indiqué des intermédiaires. Nous les étudierons plus loin. Nous n'avons pas, dans ce Chapitre, d'expériences personnelles à citer, elles sont encore trop peu avancées pour en tirer même une indication; nous avons seulement voulu exposer l'état des études faites sur ces formes hybrides jusqu'au moment présent et exprimer quelques idées personnelles.

1º Du côté des betteraves sauvages, le **B. vulgaris** L. ou *maritima* L. est considéré comme ayant été l'origine des betteraves cultivées; on peut ajouter sa variété *Cicla* L. en tant qu'elle est distincte; cette dernière pouvant être à l'origine de la bette.

Il n'a pas été prouvé, jusqu'ici, que les **B. patula** Soland., **Bourgaei** Coss., et **trigyna** Waldst., aient donné des descendances de betteraves semblables aux betteraves cultivées, sauf les **B. patula** Soland., obtenus par Proskowetz.

E. East et D. Jones (49) disent qu'aucune espèce de grande valeur économique n'a été introduite en culture dans les temps historiques et que, pour toutes, il y a présomption d'une origine de plusieurs espèces (hybridation). Il ne faudrait donc pas se contenter, si l'on admet cette opinion, de rechercher seulement l'origine de nos betteraves cultivées dans les *B. maritima* L. et **vulgaris** L.; mais aussi concurremment dans d'autres espèces, espèces qui auraient pu apporter les pigments rouge foncé des betteraves potagères.

Les betteraves cultivées peuvent être divisées en betteraves à sucre et à alcool, betteraves fourragères, betteraves potagères, bettes ou poirées.

L'étude détaillée et suivie des formes hybrides résultant de croisements avec les betteraves sauvages n'a été faite que pour la betterave à sucre, parce que c'est une plante industrielle et que la moindre amélioration permettant d'augmenter de quelques grammes le poids moyen de la racine, ou de quelques dixièmes de degré la richesse en sucre, se traduit par des résultats rémunérateurs se chiffrant par de grosses sommes.

Les betteraves fourragères sont soumises à une amélioration agronomique depuis longtemps, mais seulement depuis peu à une amélioration chimique. Les bettes et betteraves potagères sont de modestes légumes.

L'étude exacte des formes hybrides pour ces trois dernières catégories de plantes reste à faire. Il faut encore un travail considérable pour combler cette lacune, étude fort longue, étant donné que la plante est bisannuelle.

Au sujet de cette étude des formes intermédiaires il faut répéter une fois de plus combien sont grands dans cette matière les risques d'hybridation dont nous avons parlé.

La fécondation croisée, chez la betterave, est la règle. Nous rappellerons ici le parallèle souvent établi entre les plantes généralement auto-fécondées comme le blé et les plantes à fécondation croisée comme la betterave. Pour le blé, sous notre climat, la fécondation se produit à l'intérieur des glumes par le pollen de la fleur elle-même; les glumes ne laissent pas pénétrer le pollen étranger. Le blé reste donc très généralement identique dans tous ses caractères pendant de nombreuses générations. Au contraire, la betterave s'hybride par le pollen des plantes voisines; la fleur est largement ouverte et le pollen émis à l'air libre; les types sauvages eux-mêmes ne sont, en réalité, que des hybrides ayant, la plupart du temps, des caractères communs. De même les types cultivés présentent, le plus souvent, une moyenne de caractères semblables; mais dans les deux cas, pour la betterave, nous avons affaire à une « population », c'est-à-dire à un ensemble d'individus fluctuant autour d'un type moyen.

On ne peut instituer des études sérieuses qu'en ayant recours à l'auto-fécondation, sous isoloir, des plantes en observation.

Les betteraves et bettes sont cultivées dans des régions très étendues. Il peut rester parfois, dans un champ de blé, de petits plants de betteraves provenant d'une culture de l'an précédent; ces plantes peuvent fleurir et venir hybrider des sujets en expérience qu'on aurait plantés près de ce champ de blé; cette chose nous est arrivée à nous-mêmes.

Il faut donc, si l'on opère sur des lignées d'une même espèce, les préserver des risques d'hybridation. Parfois les betteraves sauvages fleurissent avant les betteraves cultivées; l'on a alors, dans ce cas, des chances d'éviter l'hybridation.

Le mieux est d'isoler les lignées étudiées et de les cultiver à de très grandes distances de tout **BETA;** et l'optimum consiste à mettre les plants sous isoloirs.

Si l'on poursuit l'étude de l'origine des variétés cultivées, il est préférable de cultiver sous isoloirs les betteraves sauvages en lignées pures; si l'on veut étudier tel ou tel caractère il faudra, à notre avis, prendre des plantes dont on connaît bien la filiation depuis quelques générations, les hybrider sous isoloir et ensuite cultiver isolément la descendance.

Nous excluons de tout travail sérieux les déductions tirées de l'étude des hybrides fortuits, et non volontairement créés, qui peuvent exister entre la betterave sauvage et les formes cultivées. Il ne nous paraît pas possible de faire état de ces descendances, dans lesquelles on ignore ce qu'est exactement un des parents. Il n'a pas été entrepris jusqu'à ce jour, à notre connaissance, d'étude approfondie et exacte sur les formes hybrides, sauf par Schindler (161), Proskowetz (140 et suiv.) et Munerati (109 et suiv.) qui ont opéré sur la sucrière.

On ne voyait pas autrefois le problème comme nous le concevons maintenant. Beaucoup de savants et de praticiens ne se rendaient pas compte qu'ils se débattaient désespérément au milieu d'une population d'hybrides complexes, indéfiniment réhybridés entre eux par un pollen anonyme et vagabond.

Ajouterions-nous qu'il y a encore fort à faire actuellement pour éclairer les idées des savants, et encore plus des cultivateurs de graines, sur les dangers de l'hybridation.

LA BETTERAVE A SUCRE.

Nous trouvons une ancienne Note sur une forme hybride dans les cahiers de culture (189) de Verrières de 1869 : «Betterave maritime améliorée pour le sucre (n° 344). » Cette betterave originaire de Cancale (Ille-et-Vilaine) était peu fixée; la plus grande partie était composée de plantes extrêmement racineuses ; quelques sujets étaient de la blanche à sucre à collet rose.

Les formes hybrides entre la betterave sauvage et la betterave sucrière cultivée font l'objet des travaux de Rimpau (147 et suiv.), de Schindler (161), de Proskowetz (140 et suiv.). Plus récemment cette étude a été méthodiquement entreprise par le professeur Munerati qui possède déjà une documentation très abondante (109 et suiv.).

Rimpau (147 et suiv.) (cité par Munerati) considère le **B. vulgaris** L. comme annuel, et la betterave cultivée, qui fleurit la première année, comme faisant retour à la forme ancestrale. Par des hybridations entre la betterave à sucre à caractère bisannuel et le **Beta patula** Soland., annuel, il a montré que le caractère de montée à graine la première année était dominant et apparaissait dans la première génération.

Schindler (161), et ensuite Proskowetz (140 et suiv.), ont cultivé de la betterave sauvage *B. maritima* L. (graines envoyés par le professeur Flahault de Montpellier).

Schindler dit que la betterave sauvage cultivée dans un terrain fertile devient rapidement charnue. En cultivant comparativement des betteraves dans des pots et en pleine terre il a aussi observé que celles cultivées en pleine terre donnent un diamètre triple (8 cercles concentriques de faisceaux libéroligneux).

Les tissus des premières, celles cultivées en pots, étaient plus ligneux que ceux des formes cultivées.

Proskowetz continua les expériences de Schindler avec 40 glomérules, qui lui donnèrent 56 plantules, dont 13 à couleur rouge intense, 41 à couleur rougeâtre et 2 blanc terne.

Les travaux de Proskowetz sont très importants et comportent de nombreux détails.

Il a étudié un certain nombre de descendances de racines de *B. maritima* L., de **B. vulgaris** L. et de **B. patula** Soland.

Ses expériences portaient sur des graines d'origine de Schindler et aussi sur des graines de Marchesetti, de Trieste.

Il observa la turgescence remarquable des feuilles de betterave sauvage; leurs cellules ainsi que leurs stomates étaient, dit-il, plus petits que chez les variétés cultivées.

P. Monteil (106) a remarqué aussi, au sujet des stomates, de grandes différences suivant les races de betteraves : les stomates qui, dans l'espèce type, sont en moyenne au nombre de 75 à la face supérieure de la feuille, et de 115 à la face inférieure, par millimètre carré, varient de taille et de nombre suivant les conditions imposées par la culture; les betteraves fourragères, par exemple, dans lesquelles le limbe des feuilles est plus développé, ont un nombre beaucoup plus considérable de stomates par millimètre carré.

Dans le cours de ses premiers travaux, Proskowetz (140 et suiv.) observa certaines racines de richesse considérable : il cite, page 202 (1894), un chiffre de 22 pour 100 de sucre pour des betteraves sauvages cultivées; mais, dans l'ensemble, ce qu'ont remarqué aussi tous les observateurs venus ensuite, les richesses individuelles étaient des plus variées, allant de 1 pour 100 à 11 et 14 pour 100 de sucre.

Ses rapports de 1894 et 1896 notent très exactement la couleur des racines obtenues; la plupart sont blanches. Cependant il en signale de roses (1894, p. 205); d'autres qui se décolorent et perdent leur teinte rosée (p. 209); plus loin il parle (p. 217) de racines rouge intense.

En 1895, il mentionne une légère teinte rose à l'insertion des feuilles, ce qui, du reste, est fréquemment observé. Il parle plus loin de la disparition de ce caractère.

Les expériences de Proskowetz portèrent aussi sur des graines provenant de l'Inde « Mitha Palung » et sur le **B. patula** Soland. Des transformations se produisirent au cours des générations successives : la cou-

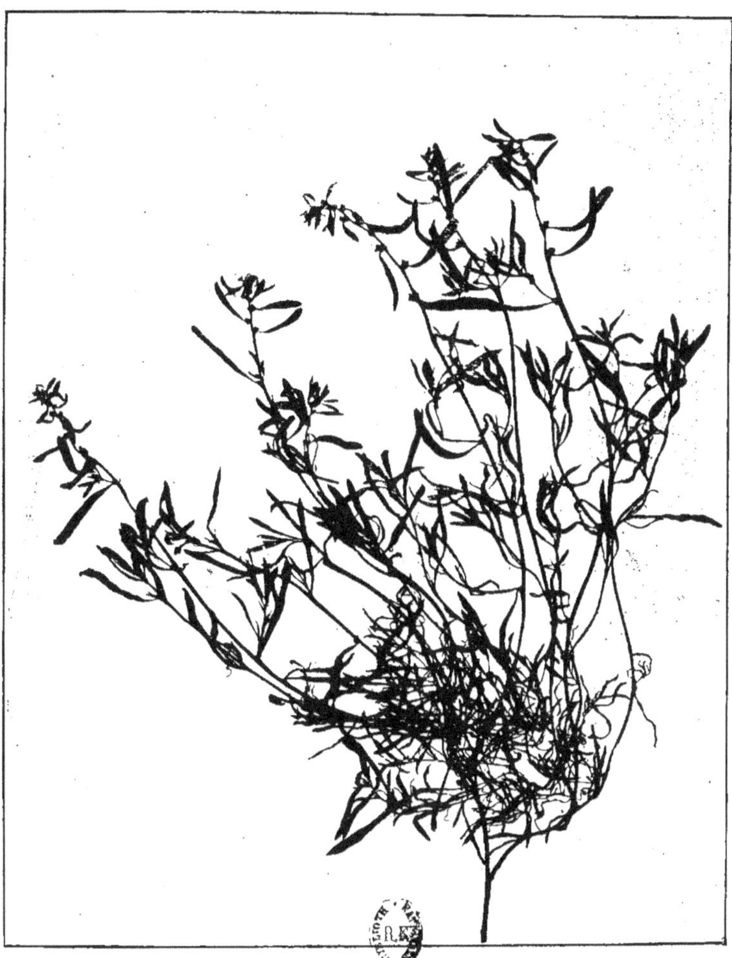

Fig. 8. — *Beta patula* (Madère, 1832, herbier Vilmorin) (Voy. page 9).

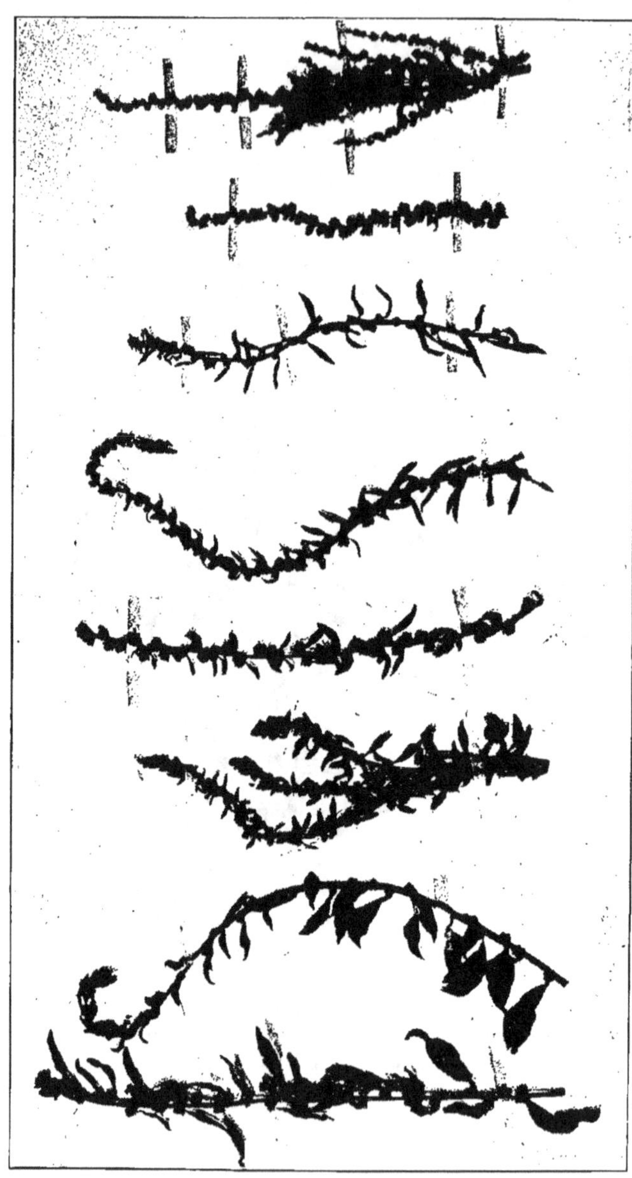

Fig. 9. — Diverses formes d'inflorescences de Betterave cultivée (Voy. page 27).

leur rouge apparut brusquement dans le **B. patula** Soland. dont les plantes à l'origine étaient vertes. Cette couleur disparut, puis reparut. Il se produisit un certain nombre de formes bisannuelles qui purent être fixées. Il y eut apparition, généralement brusque, de formes rappelant les races cultivées. Proskowetz attribue ce fait à une mutation (mutation de Hugo de Vries) (212), et dit qu'il lui paraît possible, en partant du **B. patula** Soland. d'obtenir toutes les variétés cultivées.

La prudence nous oblige à ne pas souscrire aux affirmations de Proskowetz à cause du grave inconnu de l'hybridation possible. Ses plantes n'étaient pas isolées comme l'ont été à l'époque contemporaine les betteraves en expérience dont le produit devait être scientifiquement examiné. Ce phénomène de variation brusque n'est, le plus souvent, qu'une apparition de formes hybrides. Pour nous donc, qui rendons hommage aux travaux de Proskowetz, très remarquables pour leur époque, la question de l'existence de la mutation, au moins dans ce cas, reste posée.

Le professeur Munerati (109 et suiv.) s'est livré à une recherche minutieuse des origines de la betterave cultivée. Il a réfuté l'assertion de Schindler qui avait trouvé le pollen du *B. maritima* L. plus petit que celui de la betterave cultivée. A partir de 1909, ses betteraves sauvages ont été isolées individuellement.

Il faut remarquer ici que, pour l'étude de la transformation de la betterave sauvage en betterave cultivée, le professeur Munerati a employé, l'un des premiers avec Kajanus (78 et suiv.) et nous-mêmes (208), le seul mode d'étude scientifique qui puisse donner des résultats certains : l'isolement des racines à l'étude sous des tentes hermétiques. La plus grande partie des plantes étudiées par Munerati monta à graine la première année. Un petit nombre se montra bisannuel. Sur ce point Munerati déclare en substance : Que les betteraves sauvages qui ont pour caractère de monter presque toutes dès la première année, surtout si elles sont semées de bonne heure, prennent par la suite, pour certaines lignées généalogiques, le caractère de plantes bisannuelles. Nous reviendrons plus loin, Chapitre IV, sur cette question.

Il a observé, comme Proskowetz, l'augmentation rapide de la grosseur des racines de betterave sauvage, par suite de la culture; et il a trouvé, également, certaines plantes exceptionnellement riches en sucre et qui transmettaient ce caractère à leur descendance. Il a obtenu des hybrides à feuillage vigoureux; et, à égalité de poids, observé une plus grande vigueur; mais les betteraves sont si racineuses que la plante est presque inutilisable au point de vue industriel.

BETTERAVES FOURRAGÈRES, POTAGÈRES ET BETTES.

Le passage de la betterave sauvage à la betterave fourragère n'a jamais été étudié à fond jusqu'à présent. De même que pour la sucrière, on peut supposer que, pour les betteraves fourragères blanches, il sera possible d'observer la transition entre les types sauvages et les formes cultivées. Nous disons les betteraves fourragères blanches parce que la question pigment entre ici en jeu; les seules formes sauvages connues, à racine colorée en rouge, avaient été trouvées par Proskowetz, et encore étaient-elles peut-être hybrides. En laissant de côté ce cas douteux, il semblait que les betteraves sauvages étaient toujours à racine blanche; le fait qui nous a été signalé par Ducellier, de l'existence de racines colorées chez le *B. macrocarpa* Guss. est venu modifier cette opinion, et pourrait expliquer l'apparition de pigments rouge et jaune dans la racine des variétés cultivées.

Munerati (114) dit que le type de betterave sauvage vivant le long de l'Adriatique occidentale n'a rien de commun avec la forme d'où sont sorties les betteraves fourragères et potagères.

D'autre part, les betteraves sucrières ayant végété normalement en année suffisamment humide, ne contiennent généralement que des quantités extrêmement faibles de sucres réducteurs; les betteraves fourragères en contiennent au contraire, d'ordinaire, des quantités un peu plus fortes. L'étude des différents sucres sera donc à suivre dans la descendance des divers croisements effectués entre les formes sauvages et les races cultivées.

Rimpau (147 et suiv.) seul a jeté un coup de sonde en hybridant des betteraves sucrières et des betteraves fourragères en 1885, mais cette expérience n'a rien révélé au sujet de l'origine de ces dernières.

Pour les betteraves potagères, l'origine en est aussi inconnue que celle des betteraves fourragères; elle se complique de la question de provenance des pigments rouges ou jaunes, pigments des plus prononcés qui colorent, chez certaines variétés, en rouge violacé foncé toutes les parties de la plante, feuilles et racine.

Gibault (59) a fait une étude historique des betteraves potagères. Des variétés aux racines quelque peu charnues étaient connues des anciens, puisque Théophraste, Dioscoride et Galien les mentionnent; mais, si on mangeait quelquefois ces racines, leur emploi était surtout médicinal. La betterave, en tant que racine potagère, était inconnue d'Albert le Grand au XIIIe siècle. Elle serait originaire d'Allemagne d'où elle aurait été importée en Toscane au début du XVIe siècle. De là elle serait venue en France. Sa culture s'est répandue à cette époque. Olivier de Serres (127) est le premier Français qui en ait parlé.

Selon Gibault les betteraves fourragères et potagères ont la même origine que les sucrières. Ceci est possible; mais il faudrait refaire la très longue et difficile expérience qui consisterait à obtenir ces formes, sans hybridation suspecte, par la culture et le croisement répété des différentes betteraves sauvages.

Pour la bette, De Candolle indique la forme appelée « bette à racines maigres ». Dans le passage où il parle de la betterave il dit :

« Elle est tantôt cultivée pour ses racines charnues (betterave) et tantôt pour ses feuilles, employées comme légume (bette, poirée); mais les botanistes s'accordent généralement à ne pas distinguer deux espèces. On sait, par d'autres exemples, que des plantes à racines minces dans la nature prennent facilement des racines charnues par un effet du sol ou de la culture.

» La forme appelée bette, à racines maigres, est sauvage dans les terrains sablonneux, surtout au bord de la mer, aux îles Canaries et dans toute la région de la mer Méditerranée jusqu'à la mer Caspienne, la Perse et Babylone, peut être même dans l'Inde occidentale, d'après un échantillion rapporté par Jaquemont, sans que la qualité spontanée en soit certifiée.

» La flore de l'Inde de Roxburgh, et celle, plus récente, du Punjab et du Sindh par Aitchison ne mentionnent la plante que comme cultivée.

» Elle n'a pas de nom sanscrit, d'où l'on peut inférer que les Aryens ne l'avaient pas apportée de l'Asie tempérée occidentale où elle existe… Les anciens Grecs faisaient usage des feuilles et des racines… Tout indique une culture ne datant pas de plus de quatre à six siècles avant l'ère chrétienne. »

Pour notre part nous n'avons reçu ni observé jusqu'à présent de formes sauvages se rapprochant de la bette ou poirée. Il nous est arrivé, de temps en temps, de remarquer, parmi les betteraves fourragères ou sucrières, des betteraves qui ne présentaient pas l'aspect caractéristique d'hybrides de poirée et que nous ne supposions pas avoir été hybridées par accident, mais qui avaient des pétioles sensiblement plus larges que leurs voisines· Nous n'en avons pas fait grainer sous isoloir jusqu'à présent; nous ne pouvons donc dire si ces betteraves pourraient donner une progéniture de plantes se rapprochant des bettes dans les générations suivantes.

Gibault (59), en faisant l'historique de la bette ou poirée, indique, qu'à l'inverse de la betterave, sa culture est extrêmement ancienne. Aristophane en a parlé. Théophraste en connaissait une noire et une blanche. Le pigment coloré existait donc déjà à cette époque dans la plante. Le mot *niger* employé au sujet de la bette dont parle Gibault devait correspondre au rouge foncé. A l'époque de Charlemagne (64), puis à celle du moyen âge, on a fait un grand usage de la poirée.

Dans nos cultures, dit Gibault, la poirée à cardes vertes doit représenter la poirée primitive. Selon lui les variétés à très grosses côtes viendraient du **Beta Cicla** L., abondant dans la région méditerranéenne et l'Espagne.

La poirée du Chili (**B. chilensis** Hort.) aurait été bien plus anciennement connue que ne l'indique l'Index Kewensis. Il est en effet probable que l'horticulteur qui l'a introduite en Angleterre s'est borné à orner d'un nom latin une espèce anciennement cultivée. Gibault (59) dit que ce **B. chilensis** Hort. a été introduit vers 1840 de Belgique en Angleterre, et il cite une poirée colorée dont Gérarde fait mention en 1597 ; Lobel (92) décrit aussi une poirée à tige jaune panachée de rouge.

Carrière dit que la poirée du Chili a été introduite dans les jardins français vers 1866. Vilmorin-Andrieux « Plantes potagères » édition 1904, s'exprime ainsi :

« *Poirée* (indigène, bisannuelle). — La poirée paraît être exactement la même plante que la betterave, à cela près que la culture y a développé les feuilles et non pas les racines. Les caractères botaniques, ceux surtout qui sont tirés des organes de la floraison et de la fructification, sont exactement les mêmes dans les deux plantes, seulement la racine de la poirée est rameuse et peu charnue, tandis que les feuilles en sont amples, nombreuses, et ont, dans certaines variétés, le pétiole et la nervure médiane qui y font suite, remarquablement développés. La graine est semblable à celle de la betterave, mais cependant d'ordinaire un peu plus petite. »

CHAPITRE III.

ORIGINE DES VARIÉTÉS CULTIVÉES.
LEUR FIXITÉ PLUS OU MOINS GRANDE.

Avant d'énumérer les divers groupes de races cultivées et leurs affinités, nous ferons une étude sommaire des différentes parties de la plante.

LES FEUILLES ET PÉTIOLES.

Les feuilles et pétioles sont, dans les bettes ou poirées, la partie intéressante pour la consommation. Il existe une très grande différence entre les variétés sauvages à pétioles fins, et les poirées (ou cardes) à pétioles très épais. Certaines variétés de poirée ont des pétioles de 20^{cm} de large sur 30^{cm} de long et 3^{cm} d'épaisseur. Il y a aussi des races à cardes plus longues, mais moins larges.

Ce caractère de pétioles très épais est fixé dans les races horticoles et se montre très stable.

Un hybride de poirée et de betterave fourragère (la fourragère étant la plante femelle, et la poirée la plante mâle), nous a donné, dans la descendance, en seconde génération ·

Pétioles larges : 49 plantes;
Pétioles étroits : 4 plantes.

La forme des feuilles de betterave a donné lieu à des études très suivies. M. Haljmar-Nilsson à Svalöf, nous a montré des herbiers considérables de feuilles de betteraves étudiées de génération en génération. Il a aussi employé le document photographique du vérascope Richard pour suivre les différences de feuillage de ses diverses lignées.

Munerati a publié de belles photographies sur les différents types de feuilles de betterave à sucre; il a observé parfois, sur une seule betterave, les formes de feuilles les plus différentes (¹). Le climat italien, plus irrégu-

---

(¹) Il est à remarquer que le feuillage n'est pas le même au début de la végétation, au printemps, au milieu de l'été, et à l'automne. Les premières et deuxièmes séries de feuilles qui se développent sont généralement plus amples que celles qui se montrent au mois d'août par exemple. L'on comprend donc qu'il y ait, dans des variétés commerciales de betteraves, de grandes différences de feuillage suivant le degré de développement des

lier que le nôtre, ne lui permet pas, pour la betterave à sucre, de conclure à la corrélation de l'abondance du feuillage avec la richesse en sucre de la racine; cependant il reconnaît, comme la plupart des expérimentateurs, qu'en général, à feuillage abondant, correspond poids de racine et richesse en sucre. Les races présentent, d'ailleurs, des différences considérables à ce point de vue; chez certaines betteraves fourragères le feuillage est relativement peu développé comparativement à la racine; chez la poirée c'est le contraire.

Nos études sur le feuillage nous ont montré la fixation rapide des caractères de feuillage des plantes mises sous isoloir. Nous avions remarqué, dès 1900, dans les betteraves à sucre allemandes issues de bonne graine commerciale, les plus grandes diversités de feuillage. Cela contrastait à cette époque d'une façon curieuse avec les races de notre sélection, qui se présentaient toujours avec une grande homogénéité à ce point de vue. Les conceptions sur l'obtention d'une race commerciale ayant changé, les feuillages de nos races se sont diversifiés.

Dans la betterave Brock's Giant, qui est à racine rouge, le feuillage et les pétioles sont entièrement verts. C'est un caractère très stable. Dans d'autres races analogues, le feuillage et les pétioles n'ont pas été fixés par la sélection et se présentent verts ou plus ou moins colorés dans le même champ. Chez d'autres plantes, le Blé et le Maïs, Kolkounoff (83) a établi que les différentes lignées se différencient par la grandeur de leurs cellules, caractère qui se transmet héréditairement; il en a déduit que le même fait doit pouvoir être observé pour les betteraves; et, dans ce but, il a étudié la descendance de quatre plantes dont deux à petites cellules et deux à grandes cellules. Le résultat montra que la grandeur des cellules se transmettait héréditairement et que les betteraves à petites cellules étaient, généralement, plus riches en sucre.

LES INFLORESCENCES.

Les inflorescences de betterave présentent des types divers : l'ensemble des tiges florifères est d'ailleurs extrêmement variable; assez souvent il ne se développe qu'une seule tige. Cela a donné lieu, pour la production de la graine, à la pratique qui consiste à couper cette tige unique lorsqu'elle est

---

plantes, certaines d'entre elles pouvant, par exemple, avoir perdu leurs premières et secondes séries de feuilles, tandis que d'autres les possèdent encore.

A la fin de la saison, et surtout dans des terrains secs, le feuillage se réduit parfois considérablement; les influences météorologiques ont une grande action à ce point de vue. Dans la moitié septentrionale de la France, il y a de grandes différences pour une même lignée de betteraves entre le feuillage d'une année humide et celui d'une année sèche. L'influence de la sécheresse et de la chaleur en Italie, par exemple, arrive à tuer presque complètement la partie foliacée. Les feuilles des betteraves sauvages cultivées résistent généralement mieux que celles des betteraves cultivées ordinaires.

encore toute petite, ou même au système de l'ablation de la partie centrale du collet ; de la sorte, il se développe un certain nombre de rameaux.

Beaucoup de betteraves montant à graine la première année présentent une seule tige florifère. Il n'en est pas de même de certaines betteraves sauvages que nous avons cultivées et qui avaient une façon caractéristique de monter à graine par suite du développement d'un grand nombre de petits rameaux situés à la périphérie du collet.

Les betteraves potagères et les betteraves fourragères jaunes, bien que présentant entre elles de grandes différences individuelles dans le port de leurs rameaux florifères, ont généralement des tiges plus minces, plus diffuses que la betterave blanche fourragère par exemple.

Dans toutes les variétés les différences individuelles sont très grandes sous ce rapport, depuis les plantes qui ont tous leurs rameaux florifères couchés sur le sol jusqu'aux plantes à tige unique ou à forts rameaux érigés.

Nous avons planté certaines betteraves blanches demi-sucrières à collet allongé, rejetées par la sélection, pour l'étude de la montée à graine ; elles ont généralement donné des tiges florifères uniques.

La répartition des fleurs sur les rameaux varie aussi considérablement d'une plante à l'autre (*fig.* 9) ; certaines ont une ou deux petites feuilles à la base des rameaux florifères, d'autres d'assez grandes feuilles. Les fleurs sont plus ou moins rapprochées sur les tiges. Il y a là des différences individuelles dont la corrélation possible avec les autres caractères de la plante n'a pas été étudiée jusqu'à présent.

La présence d'un grand nombre de tiges florifères produisant de la graine, a pu exister chez certaines betteraves parallèlement à une abondance de radicelles ; il en est résulté un type déplorable à la génération suivante parce qu'il ne produisait que des betteraves racineuses. Peu importait au cultivateur de graine sans scrupule qui l'avait remarqué ; il obtenait une récolte en graine très supérieure à celle des types culturaux normaux. Il y a là une fixation de caractères héréditaires déplorables pour la production agricole raisonnable, et qu'on ne saurait trop chercher à éviter (*fig.* 10).

Munerati (109 et suiv.) cite Darwin et Rimpau qui ont décrit la fleur de la betterave : Elle est protandrique. Les stigmates ne se développent qu'après l'émission du pollen ; ils ne sont en état de réceptivité que deux jours après la chute de la fleur, c'est-à-dire lorsque les anthères sont tombées. On peut se demander si en conservant le pollen pour imprégner le stigmate de la même fleur, on peut obtenir la fécondation. Briem (19 et suiv.) dit l'avoir obtenue par ce moyen. Shaw (167 et suiv.) a essayé inutilement sur plusieurs centaines de fleurs.

Les glomérules des variétés cultivées sont assez analogues comme appa-

rence générale et taille. Ceux de certaines races potagères sont sensiblement plus petits. Le diamètre en millimètres est le suivant :

	mm	mm
Betterave fourragère (Vauriac) (Pl. 6, n° 5)............ ...	3,o à	5,5
Betterave sucrière (Vilmorin A) (Pl. 6, n° 4).............	3,o à	5,o
Poirée blonde à carde blanche (Pl. 7, n° 7).............	3,o à	5,o
Betterave potagère plate d'Égypte (Pl 6, n° 6 et 6 *bis*)...	2,5 à	4,o

Nous parlerons au Chapitre IV de la question des glomérules mono-
germes qui a suscité beaucoup d'intérêt.

LES RACINES.

Les racines sont généralement la partie la plus intéressante de la betterave au point de vue agronomique ou potager. Seules celles de la poirée
n'offrent pas d'intérêt. Ces dernières, qui ne sont pas utilisées, sont en
général extrêmement fourchues à 5^{cm} à 10^{cm} de profondeur ; c'est même
une des nombreuses raisons qui font redouter aux obtenteurs de graines
l'hybridation des betteraves avec les poirées, hybridation qui se traduit
toujours par l'obtention de plantes « racineuses » qui se décèlent dès la
première génération.

La forme des racines sauvages n'est pas nécessairement fourchue. Beaucoup de betteraves sauvages ont des racines pivotantes. Munerati donne
une photographie d'une d'entre elles avec un pivot bien net (114). Nous
donnons nous-mêmes trois figures de betteraves sauvages récoltées par
nous, à racine très pivotante et sans radicelles latérales (*fig.* 11, 12 et 13).

Dans les betteraves fourragères, les racines fortement enterrées sont
généralement plus riches en sucre que celles qui ont une proportion plus
considérable de la racine hors terre ; c'est un fait que nous avons remarqué
et qui avait été signalé par Malpeaux (98). Lorsque nous avons fixé des
races plus riches en saccharose et en matière sèche chez les betteraves
fourragères, les descendances ont été souvent plus enterrées que dans le
type courant.

M. Thouret nous a fait remarquer un caractère qui, selon lui, se trouve
chez les betteraves cultivées lorsqu'elles ont été hybridées de betteraves
sauvages : celui d'avoir des radicelles horizontales presque perpendicu-
laires au pivot de la racine. Cette forme, que nous avons vue dans des betteraves cultivées ayant monté à graine la première année dans des proportions très considérables, se retrouve dans le type sauvage figuré (*fig.* 14).

Les betteraves racineuses ou fourchues sont éliminées par le sélectionneur à cause de la présomption qu'elles donneront lieu à une progéniture présentant le même défaut. Ces betteraves racineuses possèdent
des inconvénients connus pour la culture. Néanmoins, une racine de
betterave peut se ramifier pour des raisons individuelles ou de milieu
qui peuvent ne laisser aucune trace dans sa descendance : elle peut ren-

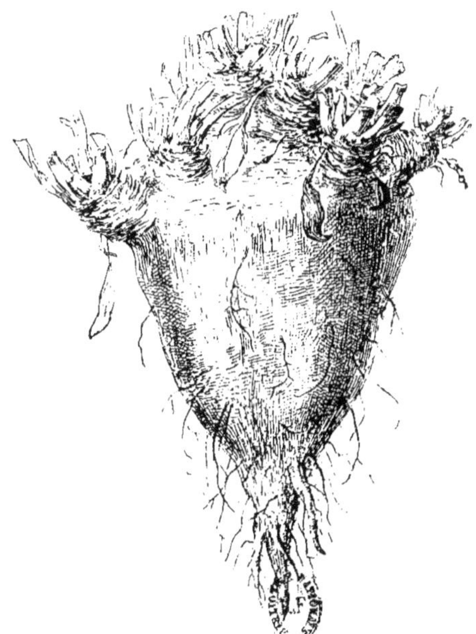

Fig. 10. — Betterave cultivée (mauvais porte-graines, collets multiples).
(Voy. page 27).

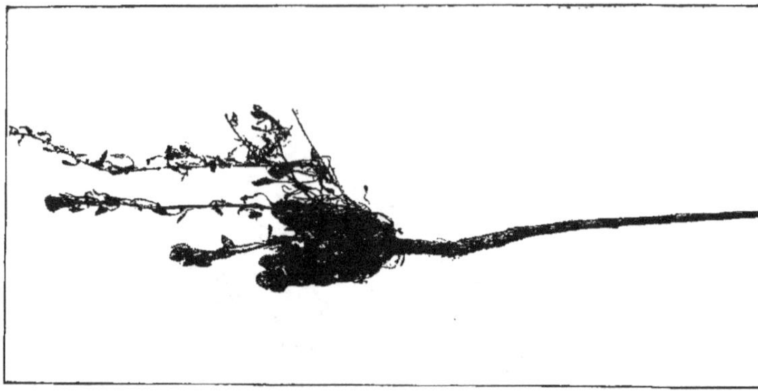

Fig. 12. — Betterave sauvage à racine pivotante (Voy. page 28).

Fig. 11. — Betterave sauvage à racine pivotante (Voy. page 28).

contrer un plan d'eau par exemple, fait qui nous a été cité par M. Hulleu, notre ancien chef du service des cultures, qui l'avait observé en Pologne sur toutes les betteraves d'un champ où le plan d'eau était remonté, à l'automne, à une quinzaine de centimètres du niveau du sol.

Le repiquage de plants, même très jeunes, provoque presque toujours la ramification de la racine.

Une terre très argileuse, la rencontre par le pivot d'une pierre assez grosse, peuvent aussi donner lieu à des betteraves fourchues. Dans un terrain très riche en humus les betteraves sont généralement plus racineuses que dans une bonne terre ordinaire; nous avons fait, à ce sujet, une expérience très démonstrative. Un même lot de sélection généalogique, cultivé en plein champ et dans une terre de jardin très riche, a donné dans le second cas, des racines extrêmement racineuses et méconnaissables.

Inversement, des terrains sableux, profonds, favorisent l'apparition de racines à pivots allongés, sans racine latérale, de forme parfaite. Tout cela est bien connu des agronomes.

Le caractère qui consiste à présenter des racines fourchues dites *racineuses* n'est pas en relation directe avec la richesse. Les betteraves racineuses ont été trouvées tantôt plus riches, tantôt plus pauvres que les racines normales.

En ce qui concerne la forme proprement dite de la racine, la question n'est plus la même et paraît se poser autrement.

Blonski (16 et suiv.) (d'après Munerati) dit qu'entre plusieurs Betteraves de même diamètre à la tête, les racines les plus longues sont les plus riches; Briem (19 et suiv.), considère la tendance à sortir de terre et la forme raccourcie de la racine comme inconciliables avec la richesse; et l'opinion générale admet que la Betterave de forme allongée et difficile à arracher est toujours plus riche que celle qui est courte et d'enlèvement facile. On sait que la question a une importance capitale à l'heure actuelle en raison du problème de la main-d'œuvre. Une petite diminution de richesse serait amplement compensée par la plus grande facilité du travail et une perte moins grande, car les extrémités des racines longues sont fréquemment cassées et restent dans le sol.

Munerati (109 et suiv.), dans ses expériences, n'a pas trouvé de différences sensibles dans la richesse en sucre entre Betteraves sucrières très longues et d'autres manifestement plus courtes.

La tendance à sortir de terre, et à donner par suite des collets verts, est nettement héréditaire comme on le constate chez les Betteraves fourragères, et ne résulte pas, comme on le croyait autrefois, du peu de profondeur des labours. MM. Munerati et Mezzadroli ont analysé comparativement les parties vertes du collet et la zone non verte, et n'ont pas trouvé de différence au point de vue richesse. De même des collets verts se sont montrés plus riches en sucre et plus pauvres en sels minéraux que des collets enterrés.

M. Saillard (155 et suiv.) nous a dit avoir plusieurs fois relevé un même lot de graines semées dans une quinzaine de champs d'expériences différents : certains champs donnaient notamment des betteraves à collet fortement hors terre, tandis que chez d'autres, les racines provenant de la même graine étaient enterrées. Il n'y avait aucune corrélation entre le collet hors terre, et la richesse. Nous n'en avons remarqué nous-mêmes aucune.

Il n'y a pas de rapport obligatoire entre les formes très enterrées et la grande richesse en sucre, sauf si l'on prend les types extrêmes : la betterave ronde et la betterave très longue et enterrée. Dans ce cas, il semble bien y avoir, d'après nos expériences, une certaine corrélation ou, plus exactement, une association (linkage) entre la forme allongée et la richesse en sucre.

Séverin (166) a établi, par des études dynamométriques, quelles étaient les formes les plus faciles à arracher (*fig.* 16 et 17) (¹). Ce sont des betteraves assez courtes et à collet légèrement hors terre. Nous avons un hybride intéressant à l'étude qui correspond aux formes données par Séverin. Il est le produit de l'hybridation d'une betterave courte et d'une betterave à sucre. Sa richesse en sucre est encore faible. Nous cherchons à lui donner, par de nouvelles hybridations, une richesse supérieure. Nous donnons au quatrième Chapitre une photographie des formes hybrides obtenues en F^1 et F^2 (*fig.* 105 et 106, page 119).

L'objection, si souvent faite, à la présence des collets verts dans les betteraves sucrières n'a donc plus de raison d'être. On sait, d'ailleurs, que certaines races sucrières de bonne qualité sont justement caractérisées par la présence, à peu près constante, de collets verts.

En ce qui concerne l'aspect extérieur de la racine, notamment la profondeur du sillon par rapport à la richesse en sucre, nous n'avons jamais constaté une corrélation bien nette.

Betteraves racineuses. — Nous avons vu, page 29, la grande variabilité que l'on constate à ce point de vue suivant les sols et les conditions de culture. Elle existe évidemment en ce qui concerne l'hérédité des formes plus ou moins racineuses; mais nous avons pu nous rendre compte que cette hérédité était entièrement masquée par les conditions de milieu. Dans notre champ d'expériences de collection, où nous cultivons chaque année et côte à côte sur quelques rangs, les lignées et les races les plus

---

(¹) La figure 15 représente au contraire des formes difficiles à arracher.

diverses, nous observons toujours sensiblement la même proportion de betteraves racineuses dans la même région du champ.

Voici quelques chiffres se rapportant aux quantités de betteraves « racineuses », relevées par le même observateur, sur des lots d'égale étendue appartenant à différentes races de betteraves sucrières et de distillerie.

1° Betterave à sucre (Vilmorin A) :

En 1921 (suivant les lots) de 7 à 25 « racineuses » par lot.
En 1922 (suivant les lots) de 20 à 39 « racineuses » par lot.
En 1920 (suivant les lots) de 44 à 75 « racineuses » par lot.

2° Betterave à sucre (Vilmorin B) :

En 1921 (suivant les lots) de 10 à 30 « racineuses » par lot.
En 1922 (suivant les lots) de 19 à 42 « racineuses » par lot.
En 1920 (suivant les lots) de 40 à 83 « racineuses » par lot.

3° Betterave à sucre (diverses races à l'étude) :

En 1921 (suivant les lots) de 19 à 39 « racineuses » par lot.
En 1922 (suivant les lots) de 19 à 47 « racineuses » par lot.
En 1920 (suivant les lots) de 59 à 98 « racineuses » par lot.

4° Betterave de distillerie (Française riche) :

En 1921 (suivant les lots) de 16 à 34 « racineuses » par lot.
En 1922 (suivant les lots) de 20 à 40 « racineuses » par lot.
En 1920 (suivant les lots) de 42 à 67 « racineuses » par lot.

5° Betterave de distillerie (Brabant collet vert) :

En 1921 (suivant les lots) de 8 à 22 « racineuses » par lot.
En 1922 (suivant les lots) de 20 à 38 « racineuses » par lot.
En 1920 (suivant les lots) de 33 à 73 « racineuses » par lot.

6° Betterave de distillerie (collet rose) :

En 1921 (suivant les lots) de 8 à 20 « racineuses » par lot.
En 1922 (suivant les lots) de 14 à 33 « racineuses » par lot.
En 1920 (suivant les lots) de 43 à 65 « racineuses » par lot.

On peut voir, d'après ces chiffres, que les différences entre les diverses races, au point de vue de ce caractère, sont entièrement masquées par celles dues au milieu.

L'apparition d'un épiderme rugueux est un caractère facilement fixable qui existe chez la betterave CRAPAUDINE. Nous avons vu apparaître ce caractère chez certaines variétés sucrières.

La contexture fibreuse de la racine des betteraves sauvages a souvent empêché Proskowetz d'analyser certains sujets. Les betteraves fibreuses existent encore parmi les betteraves industrielles cultivées. La sélection les élimine avec soin, sans être parvenue, jusqu'à présent, à supprimer complètement l'apparition de ce caractère désastreux en sucrerie.

L'abondance des cercles de faisceaux fibro-vasculaires et leur rapprochement sont un signe de richesse en hydrates de carbone signalé par Geschwind et Sellier (57). Il y a une différence saisissante entre une coupe transversale de betterave à sucre et une autre de betterave fourragère.

M. Bonnier (18) a étudié la formation du saccharose dans les racines de betterave à sucre. Les feuilles de betterave contiennent du saccharose et du sucre réducteur. Sur la genèse du saccharose dans la racine on peut faire deux hypothèses : ou bien le saccharose passerait seul dans la racine, ou bien saccharose et réducteur passeraient tous deux et le sucre réducteur serait transformé en saccharose dans la racine.

La première hypothèse n'est pas satisfaisante. Ses partisans s'appuient sur le fait que le saccharose diminue dans les feuilles pendant la nuit et que le sucre réducteur n'existe pas dans la racine.

Or il y a du sucre réducteur dans la racine et surtout quand la betterave est jeune; d'ailleurs ce sucre réducteur ne tombe jamais à o et se trouve en plus forte proportion dans le collet.

D'autre part, si l'on fait baigner dans l'eau distillée des pétioles pourvus de feuilles et qu'on expose le tout à l'obscurité, le saccharose des feuilles diminue et l'on ne trouve pas de saccharose dans l'eau distillée. Donc ce sucre peut se transformer dans les feuilles sans qu'il y ait transport vers la racine.

Si l'on analyse le pétiole au voisinage du collet, on trouve une forte proportion de sucres réducteurs (elle dépasse, et de beaucoup, celle du saccharose); il est donc difficile d'admettre que les réducteurs n'émigrent pas vers la racine.

HISTORIQUE GÉNÉRAL.

L'apparition en France des différentes races cultivées de betterave et de bette s'est faite successivement : Les bettes sont les plus anciennes; elles remontent probablement à l'époque de l'occupation romaine; les betteraves potagères ont apparu en France dès la fin du XVIe ou au début du XVIIe siècle. Les betteraves fourragères et sucrières ont été introduites à la fin du XVIIIe siècle.

Voici, à deux époques assez voisines de nous, les listes de variétés de Betteraves cultivées que mentionnaient divers auteurs :

Andrieux (6) (beau-père de Vilmorin), en 1771, mentionnait seulement :

La BETTERAVE ROUGE (*Beta vulgaris*).

La BETTERAVE DE CASTELNAUDARI (*sic*).

La POIRÉE (*Beta Cicla viridis*).

La POIRÉE BLONDE A CARDES (*Beta Cicla alba*).

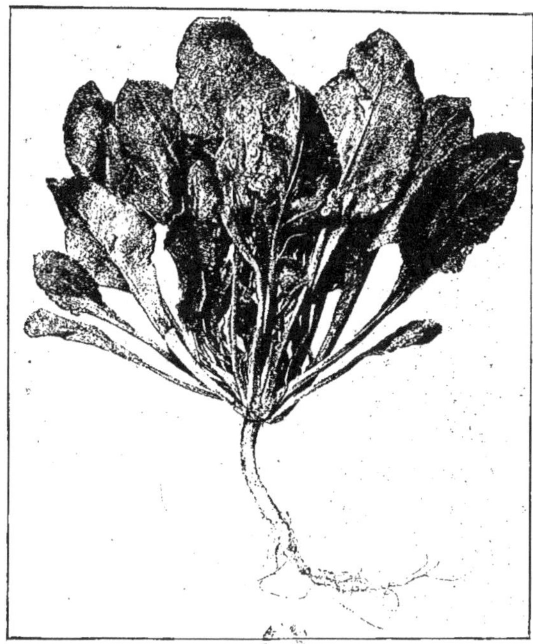

Fig. 13. — Betterave sauvage à racine pivotante (Voy. page 28).

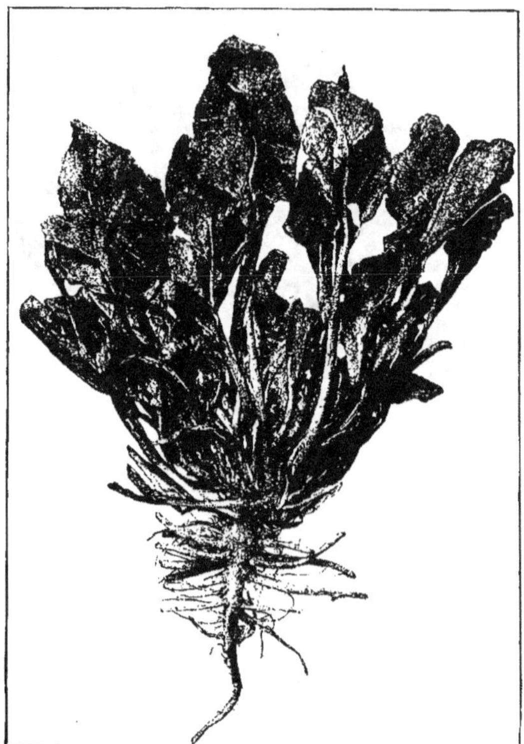

Fig. 14. — Betterave sauvage à radicelles latérales horizontales (Voy. page 28).

Fig. 15. — Betteraves à sucre, formes difficiles à arracher (Voy. page 30).

Fig. 16. — Betteraves à sucre, formes faciles à arracher (Voy. page 30).

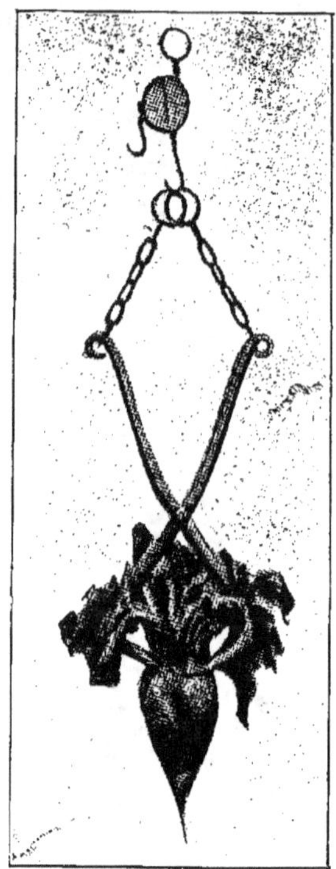

Fig. 17. — Betterave à sucre de forme facile à arracher (Voy. page 30).

Philippe Victoire de Vilmorin, dans son premier Catalogue (1778), parle pour la première fois de betterave fourragère. Nous lisons au chapitre *fourrages* : « Nous tenons plusieurs autres fourrages dont nous omettons les avantages et la culture parce que les fermiers les connaissent assez. Tels sont....., le DICK WURZEL, espèce de Betterave cultivée en Allemagne pour la nourriture des vaches en hiver, etc..... ». Cette mention de la Betterave fourragère en France est donc antérieure de huit ans à l'intéressante Notice de l'abbé de Commerell (33) qui date de 1786. La Betterave sucrière a été également introduite par Vilmorin en 1775.

En 1840, le *Bon Jardinier* (1 et suiv.) mentionne :
La BETTERAVE ROUGE ORDINAIRE.
La PETITE ROUGE DE CASTELNAUDARY.
La ROUGE RONDE PRÉCOCE.
La JAUNE ORDINAIRE.
La JAUNE DE CASTELNAUDARY.
La JAUNE RONDE.
La JAUNE A CHAIR BLANCHE.
La BLANCHE DE PRUSSE ou de Silésie.
La BLANCHE A COLLET ROSE.
La BETTERAVE CHAMPÊTRE ou RACINE DE DISETTE.
La POIRÉE ORDINAIRE.
La POIRÉE A CARDES : « la blanche est la plus cultivée ; il est d'autres races à côtes roses ou jaunes ».

Pendant ce laps de temps, 1778-1840, on a donc vu apparaître : une betterave rouge, la rouge longue précoce ; cinq betteraves jaunes utilisées comme potagères ; la betterave à sucre de Prusse ou de Silésie ; la betterave à collet rose qui était aussi une betterave à sucre ; et la betterave fourragère dite *disette*, plus ou moins semblable d'ailleurs à la « Dick Wurzel » dans certaines formes. Le « Bon Jardinier (1 et suiv.) » cite, parmi les poirées, les races à côtes colorées.

Nous allons reprendre en détail les différentes catégories de betteraves et bettes cultivées et les étudier successivement.

Les betteraves et poirées peuvent être divisées en :
Betteraves sucrières et industrielles.
Betteraves fourragères.
Betteraves potagères.
Bettes ou poirées.

A. — **Betteraves sucrières.** — La plus ancienne observation relativement à la présence du sucre dans la betterave remonte, comme nous l'avons dit page 22, à Olivier de Serres (127). En 1775, la betterave sucrière de Prusse ou de Silésie a été introduite en France par Philippe-Victoire de Vilmorin (203 et suiv.). En 1786, Achard organisait son champ d'expériences à Clausdorf près de Berlin; et, en 1802, la première fabrique de sucre fonctionnait à Cunern, en Silésie.

Mathieu de Dombasle a créé peu après Achard la première sucrerie française. Les sucreries françaises étaient déjà assez nombreuses sous la Restauration.

La variété d'Achard figure au *Bon Jardinier* de 1817, sous le nom de BETTERAVE BLANCHE DE PRUSSE. Elle était aussi connue sous le nom de *Betterave blanche de Silésie (fig. 18)*. Dans les essais de Verrières de 1820, il est dit : « bonne racine, généralement grosse et bien charnue; il en existe deux races : l'une à collet rose, l'autre à collet vert ».

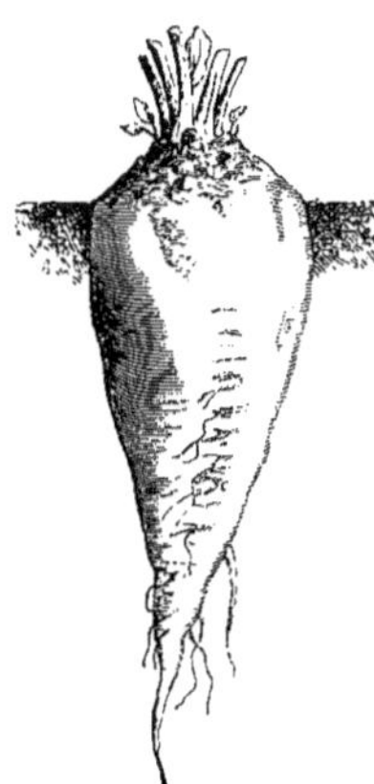

Fig. 18. — Betterave blanche de Silésie.

La BETTERAVE BLANCHE DE SILÉSIE était une betterave moyenne, à petites feuilles, à racine conique, bien blanche, avec un collet très légèrement hors terre, un feuillage très léger. C'est elle qui a servi de point de départ à tous ceux qui, en Allemagne comme en France, jusque vers 1880, se sont occupés de la recherche des betteraves très riches; c'est dans cette race que Louis de Vilmorin a cherché ses premiers reproducteurs lorsqu'il a commencé à constituer la race qui porte son nom.

La BETTERAVE BLANCHE A COLLET ROSE figure dans les essais de Verrières de 1812-1813 avec la mention : « C'est la race la plus vigoureuse de toutes; elle a le collet ou la côte des feuilles colorés. La chair est sans mélange de rouge ».

Depuis Achard jusqu'à Louis Vilmorin, la betterave a été améliorée assez sensiblement au point de vue forme, grosseur et richesse. On pratiquait alors la sélection morphologique complétée, chez certains sélectionneurs, par celle des bains salés de différentes densités (procédé de Schuzenbach). Les betteraves qui tombaient au fond du bain le plus salé étaient les plus denses, et étaient choisies pour donner naissance à des familles de betteraves de richesse supérieure à la moyenne. Cette première discrimination à la densité par le système des bains salés a continué à être employée comme moyen d'investigation préliminaire sur de grands lots de betteraves par certains sélectionneurs.

La « Note sur quelques variétés de betterave blanche à sucre par Vilmorin-Andrieux » (182), publiée en 1861, donne des renseignements sur les betteraves à sucre qui étaient cultivées en France au moment des travaux de Louis de Vilmorin.

LA BETTERAVE DE MAGDEBOURG (*fig.* 19) (¹) qui avait une forme assez régulière donnait une richesse supérieure aux betteraves à sucre « ordinaires ». Ces betteraves ordinaires étaient des formes plus ou moins améliorées de la betterave de Prusse ou de Silésie. Elles produisaient à l'hectare 30 000^{kg} à 45 000^{kg} à 7 pour 100 de richesse saccharine.

LA BETTERAVE IMPÉRIALE avait été importée d'Allemagne en 1858. Son obtenteur, Knauer (82), la décrivait ainsi : « La racine est rose à la levée; elle reste rose jusqu'à la moitié de sa longueur pendant les premiers mois, mais elle devient successivement, jusqu'à son entier développement, tout à fait blanche. Elle est remarquable par son produit, qui dépasse celui de toutes les variétés connues jusqu'ici, d'environ 25 pour 100 ».

Notre grand-père Louis de Vilmorin (192 et suiv.) avait remarqué la richesse particulière de cette betterave; elle avait toujours titré plus que les autres variétés cultivées en France. En 1858, elle donnait 13,8 contre 7,5 pour les betteraves françaises. Il s'était rendu chez Knauer, à Grobers près de Halle. Knauer avait trouvé une corrélation entre la forme du feuillage et la richesse en sucre; les plantes qui étaient le plus sucrées avaient des feuilles moins amples, les extérieures étant disposées horizontalement et appliquées contre le sol, et celles qui forment le bouquet

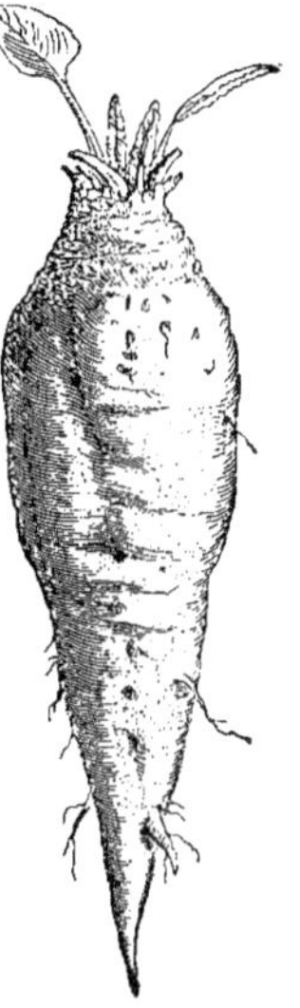

Fig. 19. — Betterave de Magdebourg.

central, dressées et comme frisottées; la racine était blanche, à collet vert, en forme de carotte très allongée et complètement enterrée, généralement plus petite que celles dont les feuilles étaient dressées et plus amples. Mettant à profit cette remarque, Knauer avait multiplié les betteraves qui présentaient cette caractéristique. La note de 1861 (182) ajoute que ce procédé de choix expéditif a été trouvé bon dans nos propres champs d'expériences, mais qu'il est nécessaire de le compléter par l'essai saccharimétrique. La race Knauer était tardive, mais elle conservait bien sa richesse en silo.

Knauer avait fait plusieurs sélections : d'abord LA BLANCHE ÉLECTORALE, qui était antérieure à l'Impériale; puis l'IMPÉRIALE, représentée

---

(¹) Les figures que nous reproduisons proviennent de clichés de l'époque, appartenant à la collection Vilmorin-Andrieux.

(*fig.* 20), et une seconde sélection (*fig.* 21) plus épaulée que la première et plus analogue aux formes modernes.

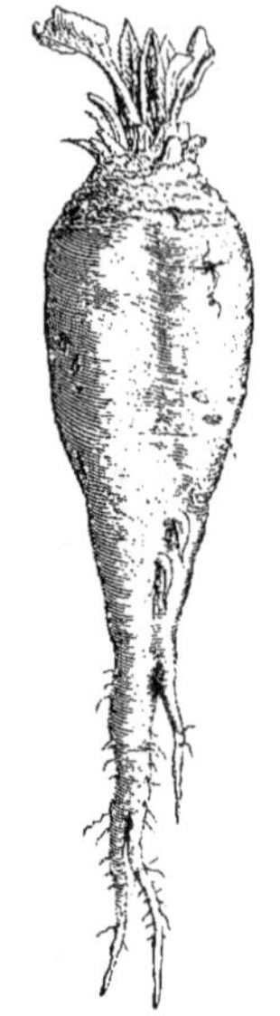

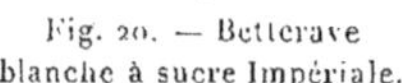

Fig. 20. — Betterave
blanche à sucre Impériale.

Fig. 21. — Betterave
blanche à sucre Impériale (Knauer).

Les betteraves blanches A SUCRE A COLLET VERT, tant race allemande que race française, étaient très voisines sinon identiques. Elles donnaient de 8 à 9 pour 100 de sucre avec de gros rendements de 40 000^{kg} à 45 000^{kg} à l'hectare.

A leur sujet, la Note cite les betteraves BOUTEUSES et DEMI-BOUTEUSES du Nord qui l'avaient ensuite plus ou moins supplantée. Ces betteraves avaient des collets sortant plus ou moins de terre, étaient plus productives comme poids à l'hectare et plus faciles à arracher. Les cultivateurs trouvaient ces « bouteuses » beaucoup plus avantageuses; au contraire les sucriers les trouvaient médiocres (sans doute à cause de la moindre richesse et de l'impureté des jus). De là est venue l'hostilité des fabricants contre les collets verts. Ce discrédit systématique des betteraves à collet vert semble fâcheux aux auteurs de la Note qui trouvent malgré tout, à cette époque, les betteraves blanches supérieures aux roses. Leur opinion a été confirmée par les événements (182).

La betterave BLANCHE A COLLET ROSE avait repris de la faveur vers 1860, grâce aux difficultés temporaires, dont nous venons de parler. Elle donnait de très gros rendements, mais environ 7 pour 100 seulement de richesse moyenne. Aujourd'hui cette betterave ne sert plus qu'à de rares distilleries. Toutes ces variétés commerciales ou ces « marques » de betteraves avaient, au fond, de grandes analogies. Elles présentaient des types assez fluctuants. L'on vendait, à cette époque, pas mal de betteraves « acclimatées », c'est-à-dire originaires d'Allemagne, puis cultivées et sélectionnées en France pendant deux ou trois générations. Il nous faut signaler vers cette époque (1853) une petite race du Pas-de-Calais, mentionnée au « Bon Jardinier (1 et suiv.) » : *betterave* A SUCRE A RACINE BLANCHE OVOIDE, avec un tiers de son volume hors du sol; feuilles petites, étalées, très peu abondantes, à pétioles excessivement fins, laissant au collet une netteté parfaite. Cette race ne paraît pas être restée très longtemps en culture. Nous n'en trouvons plus mention ultérieurement.

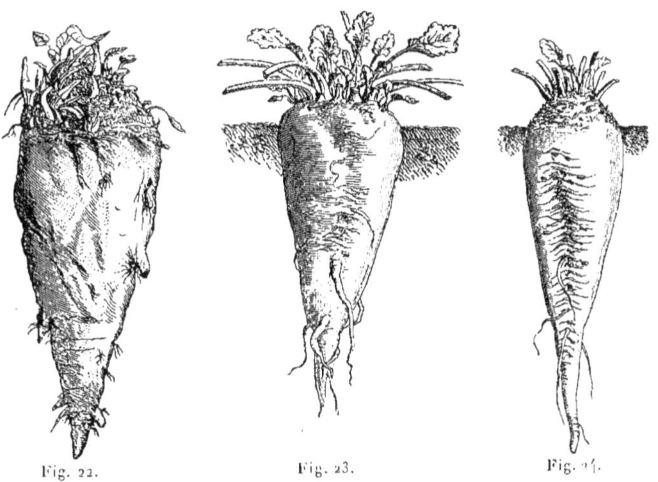

Fig. 22.   Fig. 23.   Fig. 24.

Betteraves blanches à sucre améliorées Vilmorin.

La betterave améliorée de Louis de Vilmorin (192 et suiv.) dont nous parlerons longuement plus loin (p. 69 et suivantes), obtenue en 1850, grâce à des choix individuels dans des sélections faites chez la betterave de Silésie, constitue un progrès décisif : la betterave a été enrichie de plusieurs degrés en deux ou trois générations. Nous en donnons ici le dessin (*fig.* 22).

La forme de la première betterave améliorée « Vilmorin » laissait à désirer; son auteur le reconnaissait lui-même. Une lignée améliorée (*fig.* 23) était rapidement venue remplacer la forme de 1861. Des types à racine plus nette (*fig.* 24) ont, à leur tour, supplanté cette deuxième forme.

Les anciens types de betteraves blanche A SUCRE A COLLET VERT et blanche A SUCRE ROSE HATIVE (*fig.* 27, 28, 29) (¹), qui venaient respectivement de la blanche à sucre à collet vert (ancienne) (*fig.* 25) et de la blanche à sucre à collet rose (ancienne) (*fig.* 26), avaient une forme moins racineuse que leurs devancières, ainsi que le montrent aussi les figures 30 et 31. La figure 32 nous montre une race de betterave blanche à sucre à collet rose plus nette et encore plus allongée.

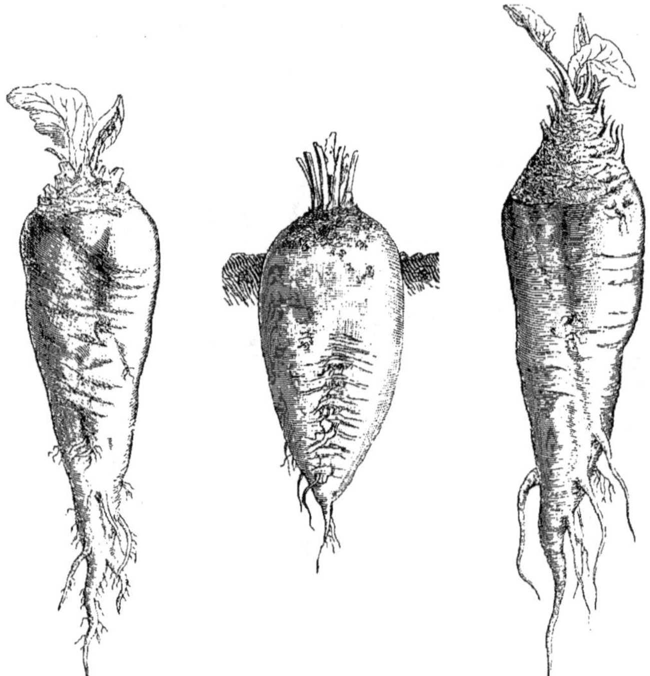

Fig. 25. — Betterave blanche à sucre, à collet vert.

Fig. 27. — Betterave blanche à sucre, à collet vert.

Fig. 26. — Betterave blanche à sucre, à collet rose.

Une betterave de forme ovoïde importée en 1869 de chez Eisebein et en 1870 de chez Pfaffe, en Allemagne, a figuré dans nos cultures à Verrières pendant quelques années. Elle portait le nom de BETTERAVE DE GUERLEBOCK (Gerlebocker) (*fig.* 33). Cette variété a été connue à l'époque sous le nom de B. D'ALLEMAGNE AMÉLIORÉE

______

(¹) Cette betterave, n° 29, paraît avoir eu un pigment rose plus accentué que les autres betteraves roses.

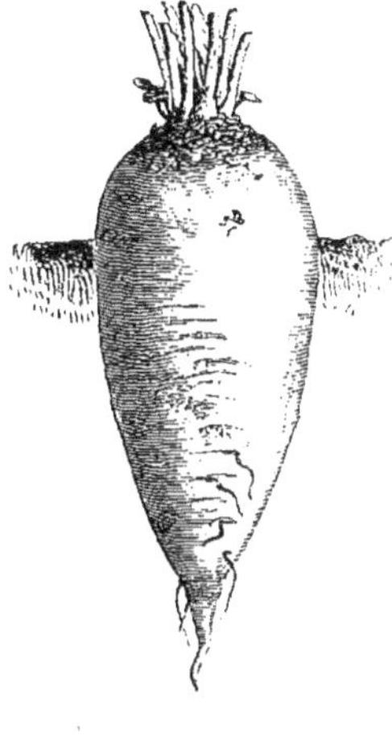

Fig. 28. — Betterave blanche
à sucre à collet rose.

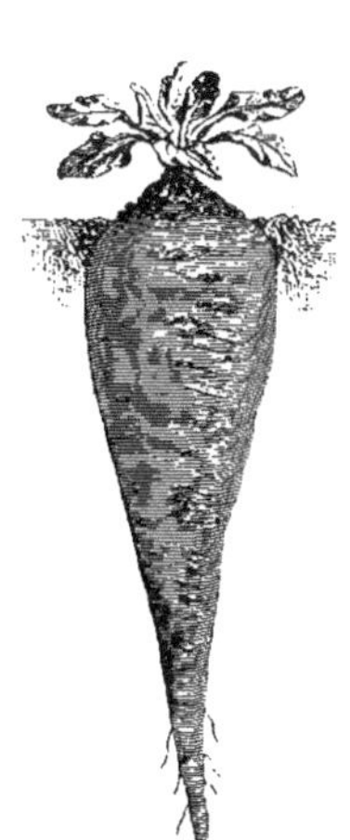

Fig. 29. — Betterave bl.
à sucre rose hâtive.

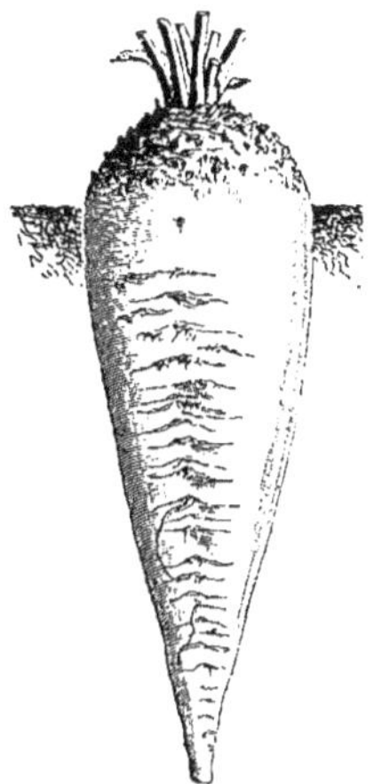

Fig. 30. — Betterave bl.
à sucre à collet vert.

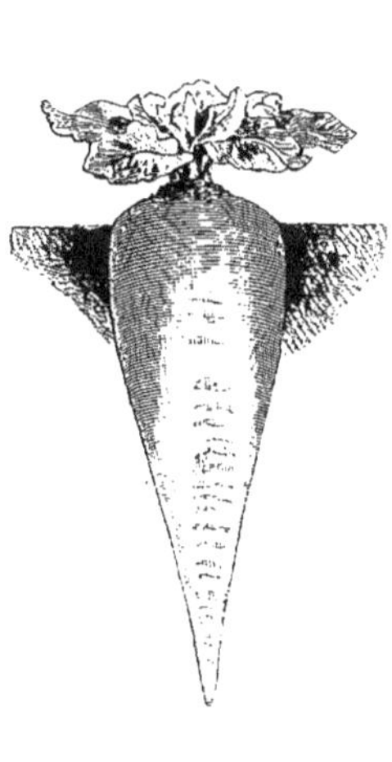

Fig. 31. — Betterave à sucre
rose hâtive.

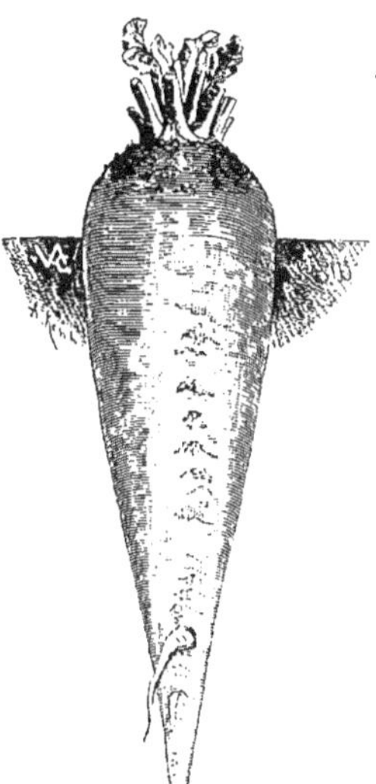

Fig. 32. — Betterave à sucre
à collet rose.

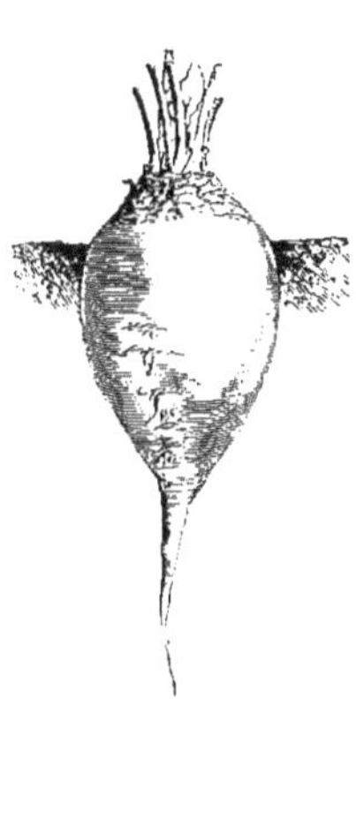

Fig. 33. — Betterave
à sucre, race Guerlebock.

Fig. 34. — Betterave à sucre améliorée Vilmorin. (*Voy*. p. 42.)

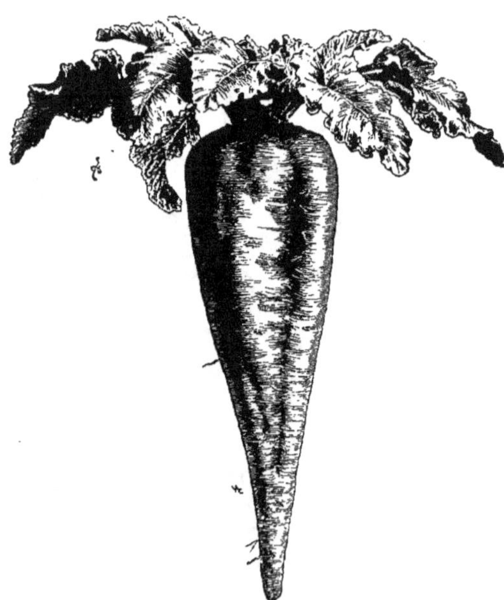

Fig. 35. — Betterave à sucre améliorée Vilmorin. (Sélection originale A.) (*Voy*. p. 42.)

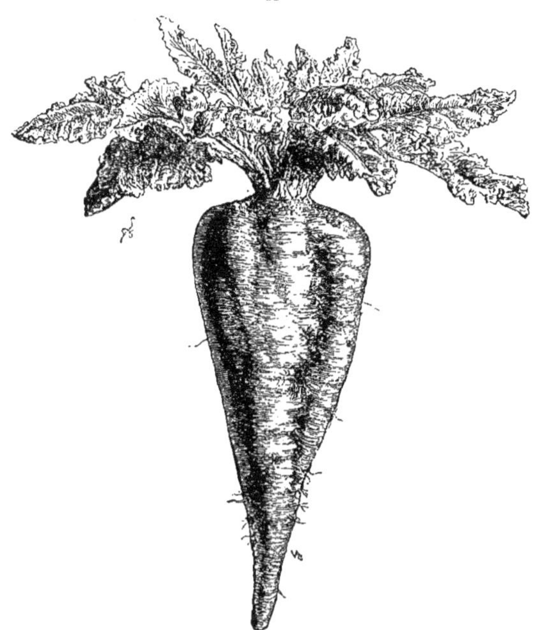

Fig. 36. — Betterave à sucre améliorée Vilmorin. (Sélection originale B.) (*Voy.* p. 42.)

Fig. 37.—Betterave à sucre Vilmorin B de 1920, préparée pour étude de sa richesse en sucre au laboratoire. (*Voy.* p. 42.)

Fig. 38. — Betterave à sucre Klein-Wanzleben. (*Voy* p. 42.)

Les Allemands, à leur tour, étaient devenus importateurs de betteraves à sucre Vilmorin qu'ils ont cultivées pures ou bien hybridées avec leurs races.

De 1870 à nos jours, les betteraves ont progressé au point de vue poids et surtout richesse. De nouvelles sélections Vilmorin venaient périodiquement remplacer les types antérieurement connus. La figure 34, page 40, représente un type Vilmorin de 1890. Les figures 35 et 36, pages 40 et 41, représentent les types de 1906. La figure 37, page 41, donne un type Vilmorin B de 1920.

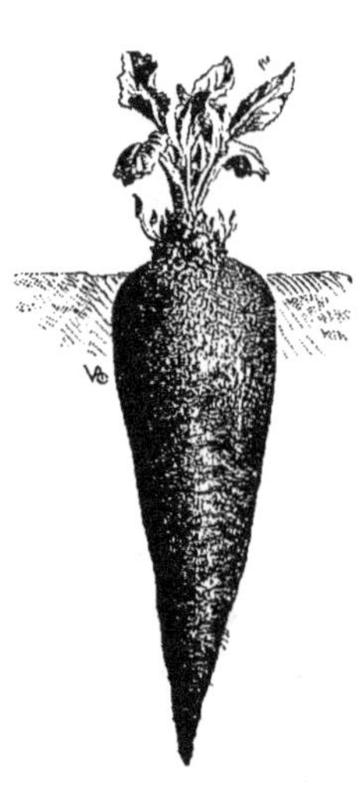

Fig. 39. — Betterave à sucre Française riche
(race Fouquier d'Hérouel).

Fig. 40. — Betterave noire
à sucre.

En 1886, la KLEIN WANZLEBEN, qui était déjà cultivée en Allemagne depuis un certain temps, a été importée en France (*fig.* 38), c'est une excellente race très riche, à feuillage abondant, très frisé au bord. En 1899 a été obtenue en France la Betterave FRANÇAISE RICHE, connue également sous le nom de race FOUQUIER D'HÉROUEL (*fig.* 39). Cette variété à racines très longues, à feuillage vert foncé très lisse, a pris naissance à la fabrique de Vaux-sous-Laon, par les soins de M. Fouquier d'Hérouel, en même temps qu'Henry de Vilmorin (197 et suiv.) l'obtenait de son côté à Verrières, par un travail parallèle au sien, mais complètement indépendant.

Depuis une trentaine d'années, diverses marques ont successivement fait leur apparition ; nous ne citons que les principales : DIPPE, SCHREIBER, STRUBE, METTE, en Allemagne ; WOHANKA, en Bohême ; BUSZCZYNSKI et LASZINSKY, ainsi que BRANICKA, en Pologne et en Galicie ; quelques marques italiennes et KUHN, en Hollande.

Toutes ces marques ont une équivalence presque complète au point de vue variété. Il y a entre elles à peine de petites différences de forme, de feuillage, de poids moyen et de richesse saccharine. Deux ou trois se différencient légèrement, parce qu'elles sont un peu moins riches, généralement plus lourdes, et à collet vert.

Les marques françaises de betterave à sucre, équivalentes ou même légèrement supérieures aux marques allemandes, ont entre elles des petites différences du même ordre, sensibles évidemment au point de vue industriel, négligeables au point de vue spécifique. Les deux sélections Vilmorin (A et B) ne se distinguent l'une de l'autre que par la longueur des racines, une richesse saccharine et un poids différents.

Il a été employé par les sucriers, à titre de témoin pour reconnaître leurs lots en culture, diverses betteraves assez riches en sucre, mais pas autant que les sucrières proprement dites, et de couleur très différente : la NOIRE A SUCRE, (fig. 40), introduite dans nos cultures en 1884 : la jaune à SUCRE DE HESBAYE, en 1879. La première est curieuse par sa peau rugueuse, caractère que nous avons vu fixé chez certaines races, ou bien qui apparaît, parfois, chez des races cultivées ne le présentant pas habituellement.

La Betterave BRABANT (fig. 41) (blanche à sucre à collet vert), créée par Brabant à Onnaing et répandue dans nos cultures en 1880 est assez différente de la betterave à sucre : elle est plus hors terre, présente un fort collet vert : elle est très lourde, et un peu moins riche en sucre. C'est une excellente betterave pour la distillerie.

Nous n'avons parlé jusqu'ici que des betteraves blanches ou très peu teintées ; les deux suivantes et d'autres marques commerciales qui s'en rapprochent, sont plus ou moins pigmentées.

La betterave blanche A SUCRE A COLLET gris fut introduite dans nos cultures en 1872. La teinte de cette betterave est toujours plus ou moins rose : la partie enterrée est rose pâle ou presque blanche.

La blanche à SUCRE A COLLET ROSE (fig. 42) (de distillerie à collet rose) est plus ancienne et remonte à 1829. Elle est plus colorée que la précédente. Nous avons fait, nous-mêmes, très facilement, des lignées de betteraves à collet gris en partant de racines à collet rose.

Il existe plusieurs marques de la variété à collet rose, notamment celle de DENNETIÈRES.

Fig. 41. — Betterave à sucre à collet vert race Brabant.

Fig. 42. — Betterave blanche à sucre à collet rose.

B. — Betteraves fourragères. — Parmi les betteraves fourragères, nous parlerons d'abord des fourragères blanches parce qu'on peut trouver une filiation de certaines d'entre elles avec la betterave sucrière, et par la betterave sucrière avec la betterave sauvage ; ensuite nous parlerons des betteraves sucrières colorées de rose, de rouge ou de jaune.

La filiation dont nous venons de parler est explicite pour la BLANCHE LONGUE HORS TERRE du « Bon Jardinier (1 et suiv.) », 1851, sous-variété isolée, par M. Chenu, dans la betterave à sucre. C'était une variété allongée et hors terre. Elle a complètement cessé d'exister actuellement.

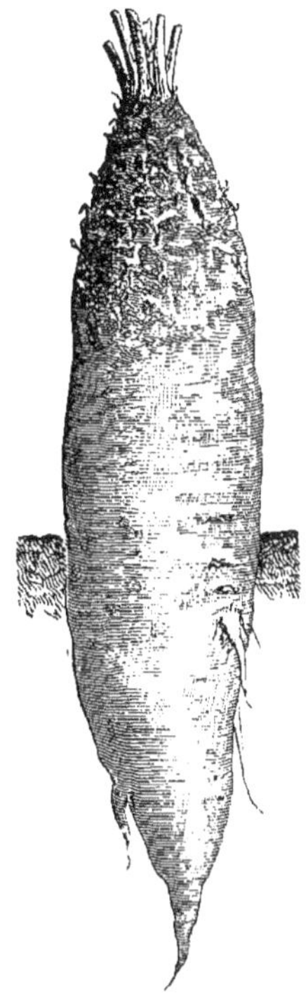

Fig. 43. — Betterave disette blanche à collet vert.

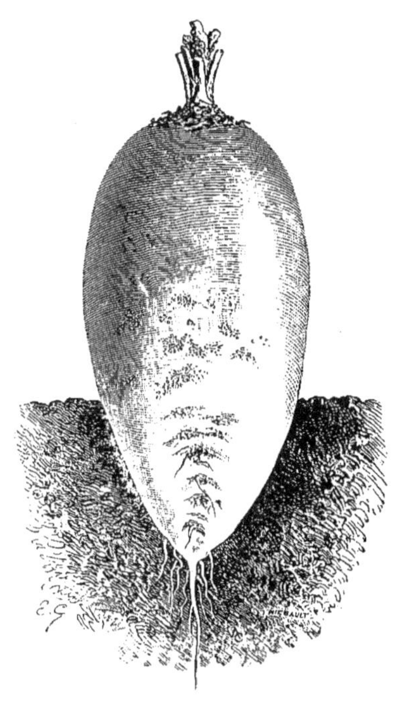

Fig. 44. — Betterave géante blanche demi-sucrière.

La betterave DISETTE, qui existait dès 1786, présentait de nombreuses formes culturales différentes : la forme « hors terre » (*fig.* 43) DISETTE BLANCHE A COLLET VERT, la disette « en terre » qui figurent dans les essais de Verrières de 1810.

Il existait aussi une betterave champêtre DISETTE dite CAMUSE.

De 1850 à 1858, la betterave BLANCHE PLATE NOUVELLE DE VIENNE figure dans les cahiers de culture de Verrières sans grandes précisions sur ce qu'était cette race aujourd'hui éteinte.

La GÉANTE BLANCHE DEMI-SUCRIÈRE (*fig.* 44), introduite dans nos cultures en 1897, et très populaire actuellement, a été choisie dans les anciennes races de betteraves à sucre, parmi les plantes qui étaient considérées comme inférieures pour la sucrerie à cause de leur faible richesse, leur grand collet vert, et probablement l'impureté du jus fourni en sucrerie. Au point de vue fourrager, c'est une excellente variété. Malgré sa qualification de « demi-sucrière » elle ne possède pas une richesse en sucre sensiblement plus grande que celle de la plupart des fourragères.

La betterave OVOIDE DE BESSAY, souvent notée comme riche en matière sèche, est une sorte de « géante blanche », de forme ovoïde et assez courte. Elle a été surtout cultivée de 1900 à 1910; elle est moins répandue maintenant. On la trouve encore dans le département de l'Allier, ainsi que l'indique M. Lassimone (89).

La betterave disette blanche à collet vert (BETTERAVE DE PUILBOREAU) semble bien être une variété de la betterave disette, se rapprochant de la betterave disette de l'abbé de Commerell (33) dont nous parlerons plus loin, mais toute blanche. Malgré la possibilité d'une origine distincte, elle offre cependant, avec certaines racines de betterave géante blanche demi sucrière s'écartant du type, une relative analogie. Elle semble avoir existé depuis 1851.

Deux betteraves blanches du catalogue Vilmorin, la BLANCHE PLATE DE VIENNE (1851) dont nous avons parlé plus haut, et la BLANCHE GLOBE (1868) n'offrent qu'un petit intérêt rétrospectif : c'est d'avoir été les devancières de formes ovoïdes qui ont récemment réapparu et que nous cultivons actuellement.

La betterave la plus voisine des blanches fourragères est la blanche à collet rose DISETTE D'ARGENT; elle n'est plus guère cultivée. Vient-elle de la blanche à collet rose qui était une sucrière ? C'est possible. Avant 1860, elle était connue sous le nom de *blanche à collet rose*. Sauf la teinte rosée, ses caractères étaient voisins de ceux de la disette blanche à collet vert.

La betterave champêtre, appelée DISETTE CAMUSE par Vilmorin-Andrieux (181 et suiv.) est restée assez semblable au type originaire de l'abbé de Commerell. Elle est sans doute, comme parent d'un certain nombre d'hybrides, l'origine de plusieurs variétés modernes. Nous voyons dans « Les Plantes Potagères », édition de 1856, l'indication d'une betterave argentée qui a produit (en deuxième génération) un mélange de betterave blanche à sucre et de betterave disette. La description de l'abbé de Commerell semble bien indiquer que la plante originaire était elle-même hybride. La fixation d'un certain nombre de « variétés » différentes à caractères distincts a certainement eu lieu.

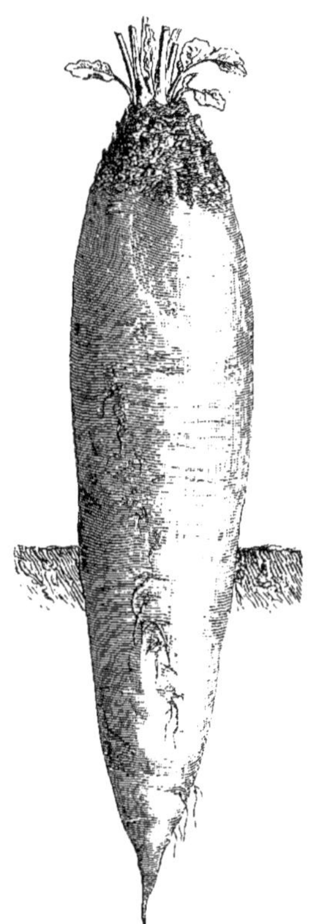

Fig. 45. — Betterave disette d'Allemagne.

La DISETTE D'ALLEMAGNE (*fig.* 45) et la variété anglaise ELVETHAM sont assez voisines de la betterave champêtre et doivent participer à la même origine. En 1830, il existait au moins deux variétés de disette : la DISETTE ORDINAIRE et la DISETTE GRANDE ESPÈCE. Une variété très répandue, d'origine anglaise, la MAMMOUTH (*fig.* 47), et cultivée en France depuis 1881, peut aussi en être rapprochée. La betterave allemande KLUMPEN ROTE DICKE rentre dans cette catégorie.

La betterave DISETTE CORNE-DE-BŒUF (*fig.* 46) est assez voisine de la disette d'Allemagne ; elle était connue dès 1856 : elle reproduit assez fidèlement son caractère d'avoir des racines allongées et tordues. Sa facilité d'arrachage est estimée en petite culture. C'est ce qui lui assure un certain débouché dans quelques régions.

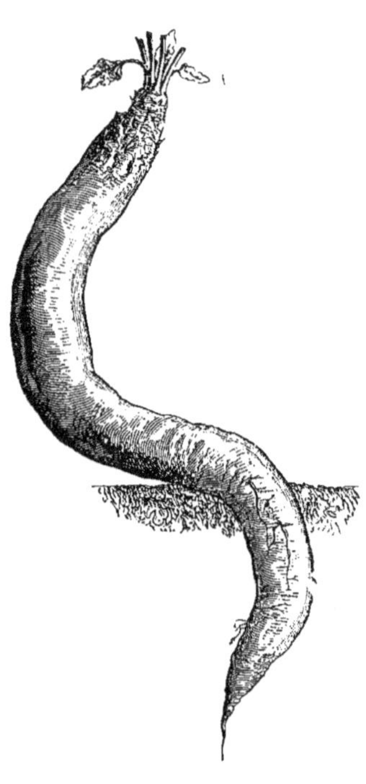

Fig. 46. — Betterave disette
Corne-de-bœuf.

Fig. 47. — Betterave disette
Mammouth.

La ROSE DEMI-SUCRIÈRE provient d'une betterave qui a eu longtemps une vogue assez méritée, la betterave à collet gris. Lorsqu'on essaie de choisir les lignées les plus riches en sucre et en matière sèche, la plante s'enterre généralement ; il y a évidemment, dans ce cas, une certaine corrélation entre la richesse en sucre et la forme enterrée des racines.

La ROSE DES ARDENNES est une marque de rose peu différente de la rose demi-sucrière et simplement plus hors terre.

Le coloris rose va jusqu'au rose foncé et presque au vrai rouge, au moins pour l'épiderme, dans certaines variétés de betteraves fourragères. Il existe deux variétés très anciennes de betteraves rouges : la ROUGE GLOBE (*fig.* 49), variété assez petite, à chair blanche, cultivée depuis 1851 ; et, depuis 1860, la ROUGE OVOIDE (*fig.* 50) ; mais ces deux variétés disparaissent de nos jours. La betterave fourragère rouge la plus répandue est maintenant la GÉANTE ROUGE DEMI-SUCRIÈRE (*fig.* 51).

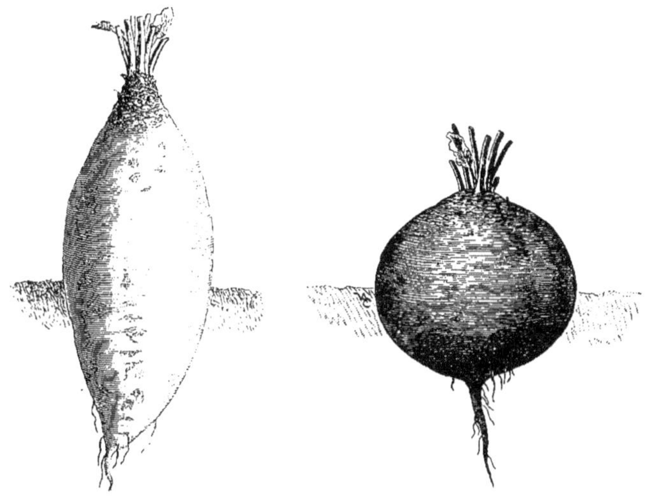

Fig. 50. — Betterave rouge ovoïde.   Fig. 49. — Betterave rouge globe.

En Allemagne, la GÉANTE ROUGE DE PFAHL a quelque analogie avec la rouge demi-sucrière française.

En Angleterre, la BROCK'S RED INTERMEDIATE en est également très voisine, mais elle est à pétioles et feuilles verts.

La DISETTE NÉGRESSE, LECLERC ou RILLIEUX (*fig.* 52) est une betterave fourragère très pigmentée de rouge, surtout répandue depuis 1870 jusque vers 1890. A l'époque actuelle sa culture a beaucoup diminué.

Les betteraves fourragères à épiderme jaune ont débuté en France entre 1786 et 1823, à une date qu'il est difficile de préciser. Nous trouvons dans les cahiers de Verrières de 1823, la mention d'une betterave « jaune jaune » (*sic*) provenance Mathieu de Dombasle, comparée à la jaune cultivée par Philippe-André de Vilmorin ([1]). Avant 1830, le « Bon Jardi-

---

([1]) *Betterave jaune jaune* (n° 583) : « Race bien différente de notre jaune ; elle ne paraît pas s'allonger autant. Peau jaune clair ; chair blanche ; une seule à chair jaune pâle ; feuilles sans aucune teinte de jaune, ou dans les nervures ou dans les pétioles ; en dernier, conser-

nier » (1 et suiv.), mentionne la betterave JAUNE BLANCHE et la JAUNE ORDINAIRE. Il n'est pas facile, entre parenthèse, de décrire rétrospectivement des types anciens qui ont, en grande partie, disparu, ou se sont, depuis, modifiés par hybridation.

Ensuite est apparue la JAUNE D'ALLEMAGNE (*fig.* 53), betterave impor-

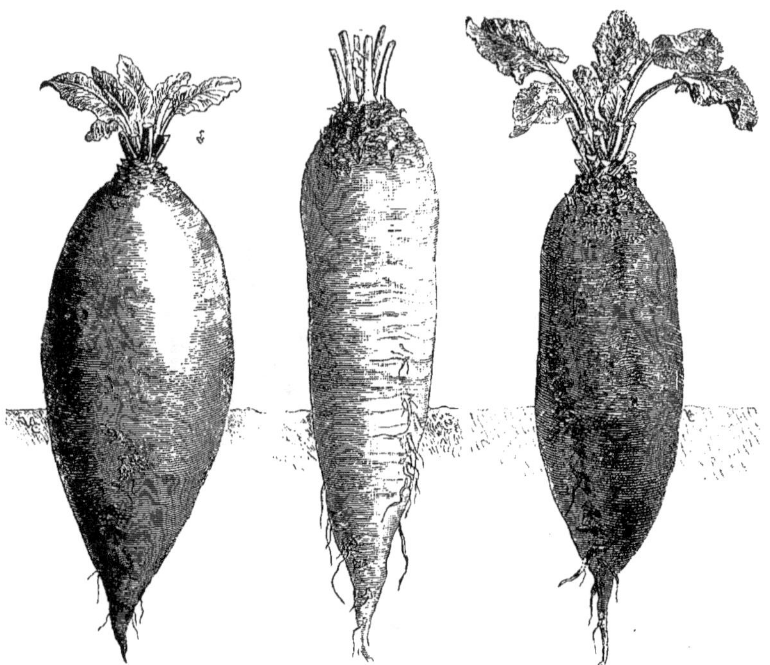

Fig. 51. — Betterave géante rouge demi-sucrière.

Fig. 53. – Betterave jaune d'Allemagne.

Fig. 52. — Betterave disette négresse.

tante dans l'histoire de la culture, parce qu'il en a été isolé deux formes assez différentes : la BETTERAVE DES BARRES (*fig.* 54), par Louis Vilmorin ([2]) et la BETTERAVE DE VAURIAC (*fig.* 55), par M. A. Gay.

Les différentes Betteraves des Barres cultivées au Danemark descendent d'une marque de Betterave des Barres venue dans ce pays par l'Angleterre, et plus ou moins hybridée de betterave Tankard, ce qui a

vant une teinte verdâtre qui n'existe pas dans la Betterave blanche; c'est par cela seul que le feuillage en diffère » (Verrières, cahier d'essais, 1823).

([2]) Une forme intermédiaire entre la betterave d'Allemagne et la betterave des Barres, a été la betterave des MOTTEAUX. Nous en donnons deux figures (*fig.* 56 et 57).

donné aux racines un pigment orangé d'intensité variable suivant les différentes sélections (49 *bis*).

Il faut rapprocher de la Betterave des Barres les YELLOW OVAL, YELLOW

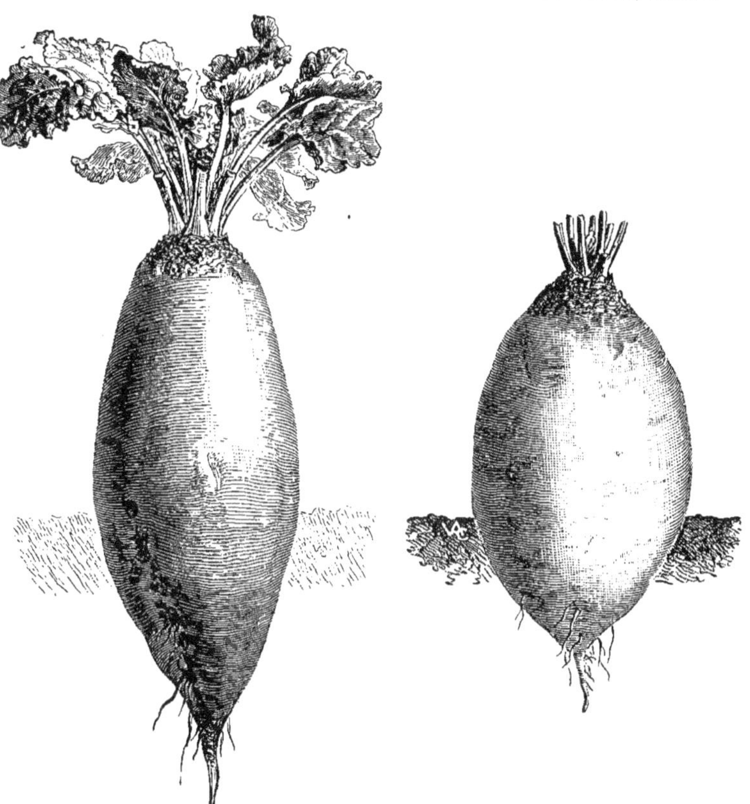

Fig. 55. — Betterave de Vauriac.   Fig. 54. — Betterave des Barres.

MAMMOTH INTERMEDIATE, et quelques autres variétés commerciales anglaises.

Les graines obtenues sans sélection suivie peuvent donner un mélange de formes betterave des Barres et betterave de Vauriac; l'instabilité de la forme de beaucoup de betteraves fourragères est très grande, surtout dans les blanches demi-sucrières non sélectionnées et dans les jaunes. Nous reverrons cette question plus loin au sujet des travaux de Birger Kajanus (78 et suiv.).

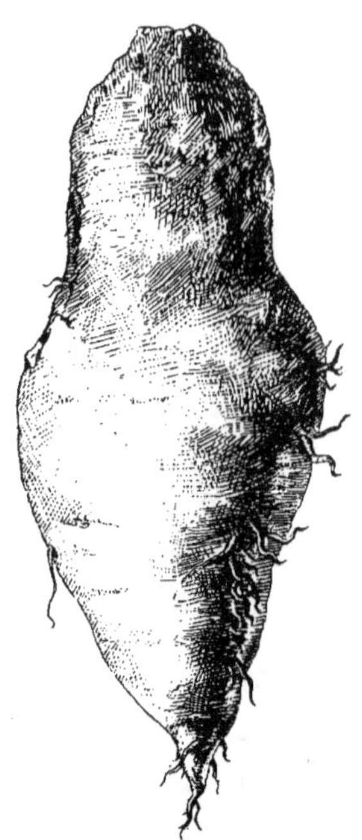

Fig. 56 — Betterave des Motteaux.

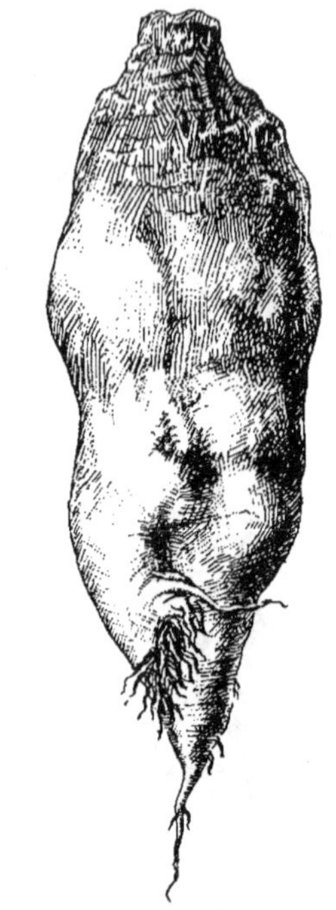

Fig. 57. — Betterave des Motteaux (p. 50).

Fig. 58. — Betterave jaune globe.

Fig. 59. — Betterave jaune globe à petite feuille.

Les betteraves JAUNE GLOBE (*fig.* 58) sont extrêmement populaires en Angleterre. La première mention en France semble être celle du « Bon Jardinier » de 1852. L'Ouvrage « Les Plantes Potagères », édition de 1856, leur assignait comme origine probable la jaune ronde. Une forme JAUNE GLOBE APLATIE existait au catalogue Vilmorin-Andrieux en 1862. La variété à PETITES FEUILLES (*fig.* 59) a été répandue en France, surtout depuis 1885. Il existe un grand nombre de marques anglaises de ces variétés globe. Nous avons essayé la plupart d'entre elles dans notre champ d'expériences. Il se présente toujours, dans ces variétés, un certain nombre de racines en forme de toupie; la couleur n'est pas non plus très bien fixée; elle varie du jaune orangé foncé au jaune tirant sur le citron, sans cependant avoir généralement la teinte orangé vif de la betterave Tankard.

Cette Betterave TANKARD (*fig.* 60), de forme ovoïde, est d'origine

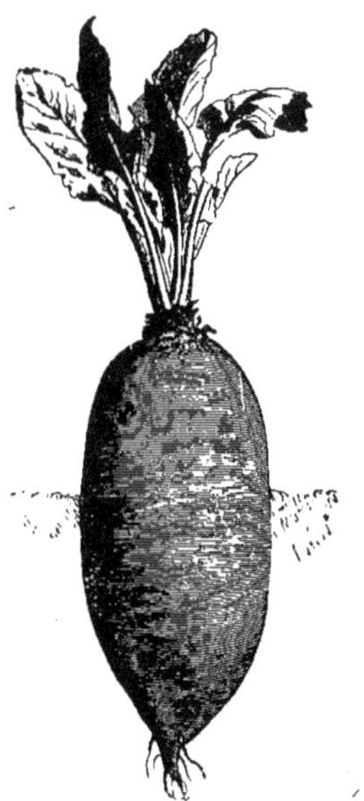

Fig. 60. — Betterave Tankard.

Fig. 61. — Betterave orange globe.

anglaise. Elle est très colorée; c'est, avec la poirée du Chili, la variété du genre **Beta** qui a le pigment orangé vif le plus prononcé; les pétioles sont orangés; la chair est zonée d'orange. Elle s'est répandue un peu en France depuis 1883.

L'ORANGE GLOBE (*fig.* 61), variété anglaise aussi, possède une certaine intensité de pigment orangé vif, mais à un moindre degré que la Tankard. Elle est connue en France depuis 1885.

Un certain nombre de variétés étrangères se rapprochent des principaux types dont nous avons parlé. La Betterave allemande CHAMPÊTRE MAMMOUTH JAUNE D'OR est voisine de la jaune d'Allemagne, mais avec un pigment orangé, genre Tankard.

La KLUMPEN GELBE DICKE se rapproche de la Barres, mais avec une grande irrégularité au point de vue couleur. Dans cette race, les trois

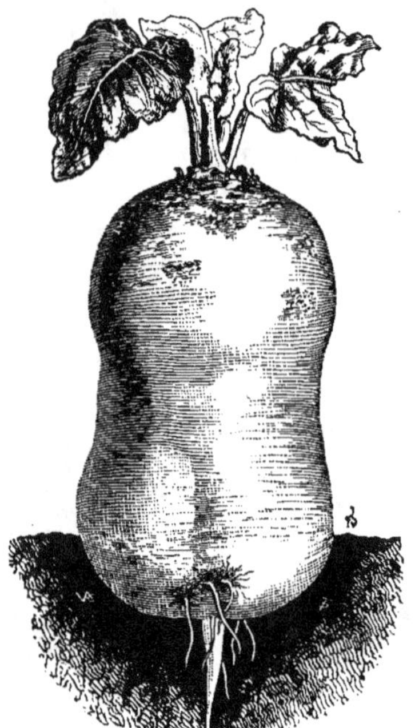

Fig. 62. — Betterave jaune d'Eckendorf.

suivantes et un certain nombre de variétés anglaises, allemandes et danoises, on trouve, soit en mélange, soit à l'état de type (dans la GATE POST, par exemple), un coloris jaune très pâle qui a fait communément appeler ces betteraves : *betteraves citrines*. Une région agricole qui a fait, sur contrat, de ces betteraves étrangères pour graine a vu se produire une multitude d'hybridations accidentelles et des betteraves citrines hybrides se sont retrouvées dans des Vauriac, dans des blanches, des roses et des rouges.

La GATE POST est une betterave anglaise ovoïde et citrine. L'INTER-

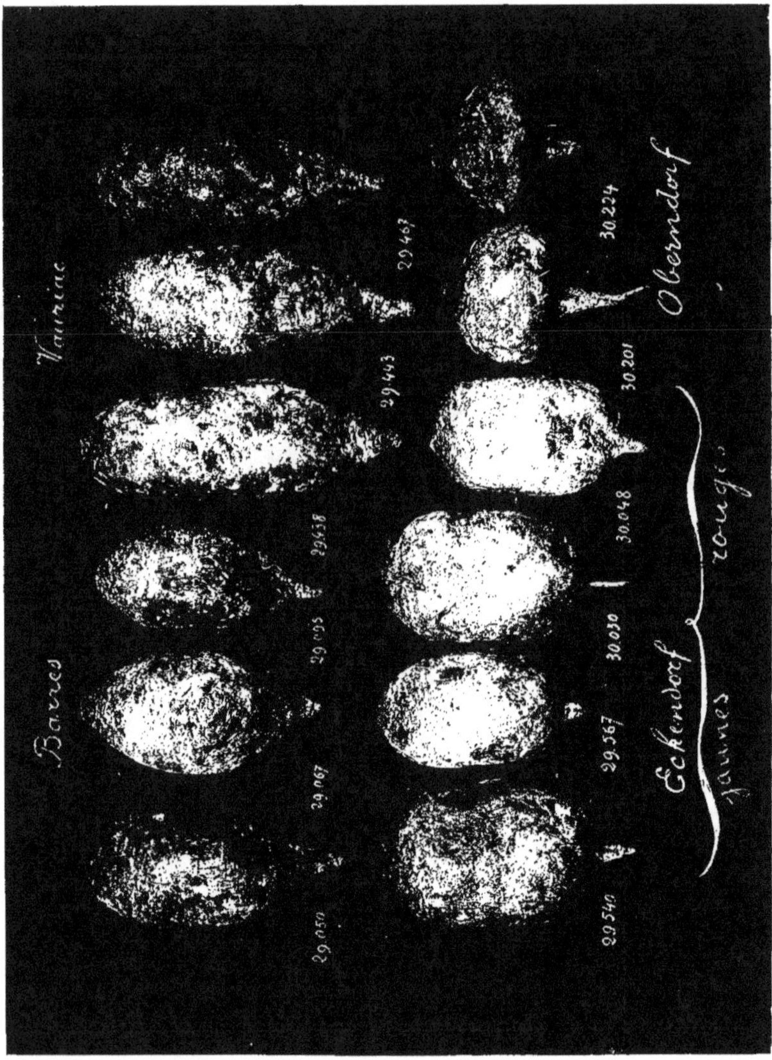

Vauriac

Barres

29.467

30.224

Oberndorf

29.443

30.201

29.958

30.048

29.695

30.030

Eckendorf

29.567

jaunes

rouges

29.067

29.059

29.540

Fig. 64. — Betteraves jaunes et rouges (Voy. page 55).

MEDIATE, race anglaise, assez peu fixée en général au point de vue forme, est cependant plutôt plus longue que la Gate Post ; elle est mélangée de jaunes et de citrines. La LONG YELLOW (de Sharpe) est longue, régulière, et presque toujours jaune pâle.

La plasticité de la betterave entre les mains du sélectionneur est très grande ; beaucoup de formes et de caractères peuvent être fixés avec soin et persévérance, et d'autant plus rapidement que l'isolement des betteraves mères est plus sévère (*fig.* 64).

Nous citerons, pour en finir avec les betteraves fourragères, quelques variétés de formes ou de caractères très spéciaux : d'abord la série des

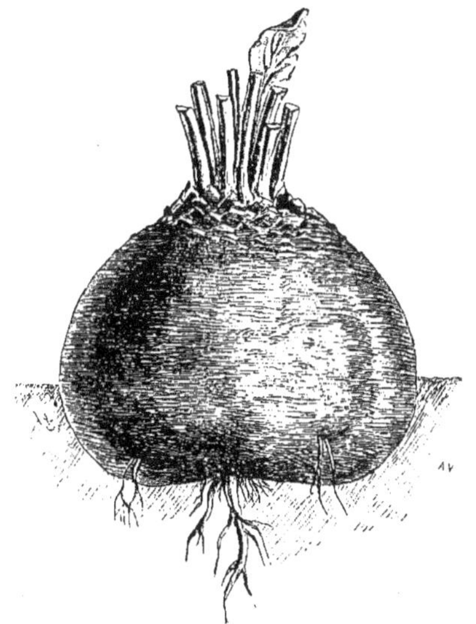

Fig. 63. — Betterave d'Oberndorf.

betteraves cylindriques ECKENDORF (*fig.* 62 et 64), qui a été obtenue en Allemagne par Von Arnim. Il y a des variétés jaunes, d'autres rouges, d'autres blanches. Le jaune est généralement citrin et il est rare qu'il n'y ait pas quelques blanches et quelques jaunes très décolorées dans les lots de jaunes. La KIRSCHE IDEAL rentre dans cette même catégorie Eckendorf. Nous avons enfin les OBERNDORF (*fig.* 63 et 64), qui sont des betteraves en forme de cloche surbaissée, à dessous plat, populaires en Bavière et dans les pays à terrain médiocre. L'Ouvrage « Les Plantes Potagères » les cite dès 1856. Il y en a des rouges et des jaunes.

·C. — **Betteraves potagères.** — Bien qu'Olivier de Serres, en 1600, mentionne la betterave à salade comme ayant été introduite « récemment » d'Italie en France, il est possible que la culture de la betterave potagère soit assez ancienne.

Comme il s'agit d'un légume de consommation courante, pour lequel les sélectionneurs ont créé de nombreuses formes, afin de satisfaire les consommateurs, on devait s'attendre à ce qu'un matériel aussi plastique que la betterave, de par sa nature hybride, donnât naissance à de nombreuses variétés ; d'autant plus qu'en outre des caractères extérieurs, forme et couleur, les questions de qualité, finesse de chair et de bonne conservation entraient en jeu.

Dès le début apparaissent deux types : LA BETTERAVE JAUNE et LA BETTERAVE ROUGE. Cette dernière, beaucoup plus en faveur, donne naissance à de nombreuses formes : racines d'abord longues, puis rondes, ou intermédiaires entre longues et rondes ; enterrées ou peu enterrées ; à feuillage plus ou moins coloré comme la racine, ou parfois entièrement vert ; des races précoces à petit développement, ou des races plus tardives à développement plus abondant, etc. Suivant les régions et les divers procédés de culture employés, certaines formes, mieux adaptées, sont sélectionnées et fixées. En Angleterre et en Amérique on force fréquemment la betterave à salade en la semant sur couche et en la plantant ensuite. Au Japon, les habitants mangent les feuilles cuites en guise d'épinards, et les feuilles rouges des variétés potagères (KWA YEN SAI et SANGOJUMA) servent à orner les plats.

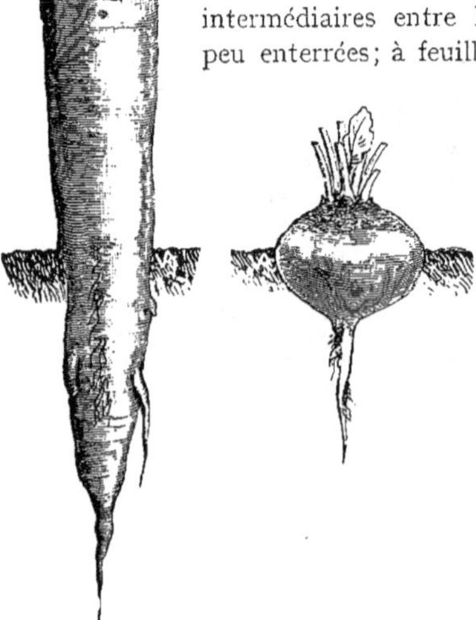

Fig. 65. — Betterave jaune grosse.

Fig. 66. — Betterave jaune ronde sucrée.

BETTERAVES JAUNES. — La betterave jaune potagère était déjà mentionnée au catalogue Vilmorin pour 1778 ; c'était sans aucun doute la même variété à racine longue qui, plus tard, fut nommée JAUNE GROSSE ou JAUNE LONGUE (*fig.* 65), et qui était autrefois très appréciée par les nourrisseurs des environs de Paris, pour la nourriture du bétail, avant que les variétés fourragères sélectionnées, Barres et Vauriac, n'aient été répandues. La racine était longue et à demi hors terre.

Une forme à racine enterrée, à peau jaune et à chair jaune, intermédiaire comme forme entre les Betteraves fourragères jaune globe et jaune d'Allemagne, apparut vers 1850 sous le nom de B. JAUNE A SALADE. Il est permis de croire que cette forme a une communauté d'origine avec la B. JAUNE A SUCRE DE HESBAYE, à racine demi-longue, enterrée, à peau jaune et chair blanche, qui apparait dans les catalogues vers 1878, et est

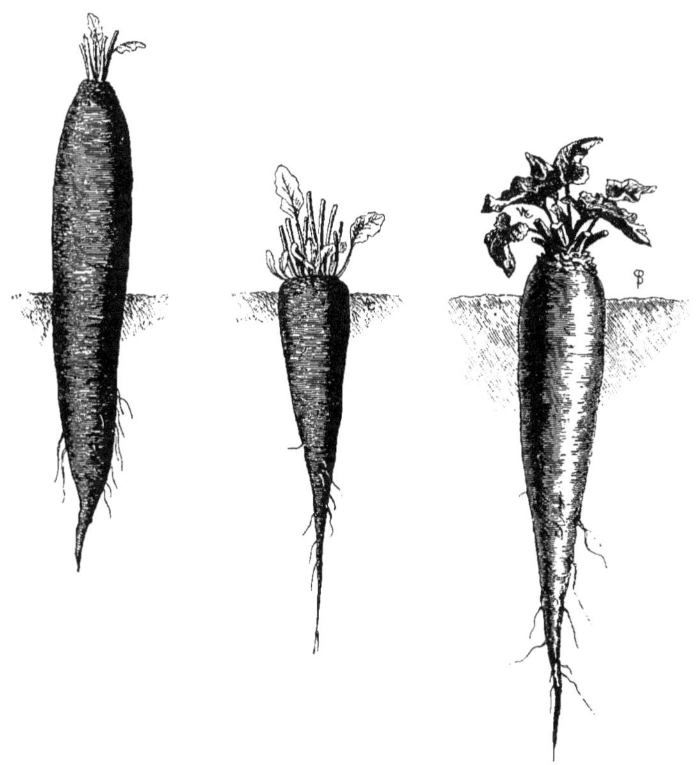

Fig. 67. — Betterave   Fig. 68. — Betterave   Fig. 69. — Betterave
rouge grosse.   rouge de Castelnaudary.   rouge longue lisse.

indiquée comme étant employée depuis plusieurs années en guise de témoin dans les cultures de betteraves à sucre.

La Betterave JAUNE DE CASTELNAUDARY est ancienne et figure au catalogue Vilmorin en 1821. C'est une racine longue, enterrée; mais, contrairement aux précédentes, la chair est en très jaune.

Une forme à racine ronde et jaune est mentionnée au catalogue Vilmorin pour 1837 sous ce nom de JAUNE RONDE. C'est évidemment d'elle que provient la JAUNE RONDE SUCRÉE (*fig.* 66) annoncée pour la première fois en 1865, avec la mention « très estimée dans certaines localités de l'ouest et du centre de la France ». Elle est distincte par sa forme en toupie, sa peau jaune orange et sa chair souvent zonée de jaune plus pâle.

BETTERAVES ROUGES LONGUES. — Tout d'abord on ne connaît que des longues. La plus ancienne, celle qui figure au premier catalogue Andrieux pour 1771, est la ROUGE GROSSE OU ROUGE LONGUE (*fig.* 67). Sa racine est longue, en partie hors terre; la peau et la chair sont rouge foncé; le feuillage vert, marbré et veiné de rouge; les pétioles très rouges. La B. ROUGE

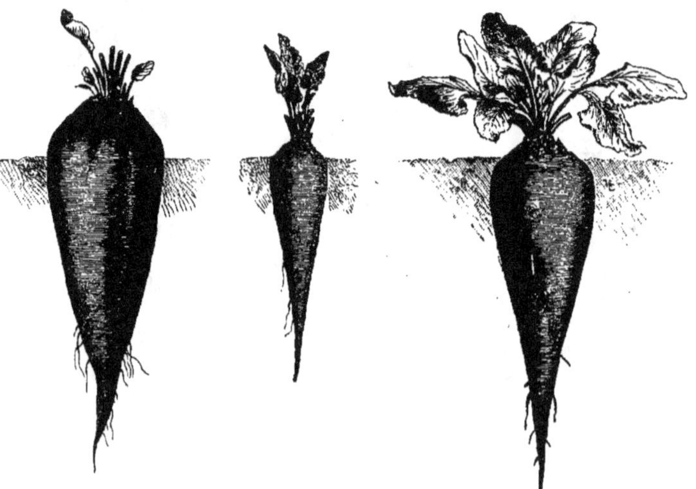

Fig. 70. — Betterave rouge foncé de Whyte.

Fig. 71. — B. rouge naine très foncée.

Fig. 72. — Betterave rouge de Cheltenham.

DE GARDANNE, très estimée dans le Midi de la France, et qui est mentionnée pour la première fois au « Bon Jardinier » pour 1883, n'en est qu'une forme un peu plus épaisse de collet et un peu plus enterrée.

La B. ROUGE DE CASTELNAUDARY (*fig.* 68) est aussi ancienne que la rouge longue, puisqu'elle est également offerte au catalogue de 1771 et à celui d'Andrieux et Vilmorin (1778), sous le nom de PETITE ROUGE ou de CASTELNAUDARY; c'est une forme à racine longue très enterrée, contrairement à la précédente, à peau et chair rouge noir, à feuillage rouge foncé et d'excellente qualité. Plusieurs variétés anglaises LONG DEEP RED (1848) et CATELL'S DWARF BLOOD (1853) sont très voisines sinon identiques.

La B. ROUGE LONGUE LISSE (*fig.* 69) est originaire des États-Unis et figure aux catalogues français à partir de 1878. La racine est longue et complètement enterrée; par suite la peau est plus lisse que celle de la rouge longue. Après une éclipse d'une quinzaine d'années, cette variété réapparaît à nouveau sur nos catalogues vers 1900, sous une forme encore améliorée, introduction nouvelle d'Amérique.

La B. ROUGE FONCÉ DE WHYTE (*fig.* 70) est d'origine anglaise et fut introduite en France en 1848 («Bon Jardinier», Année 1853 et catalogue Vilmorin 1858); très estimée outre Manche, c'est une racine longue, de forme plutôt anguleuse qu'arrondie, enterrée, à peau lisse d'une teinte ardoisé foncé, à chair rouge noir et feuillage rouge brun lavé de vert.

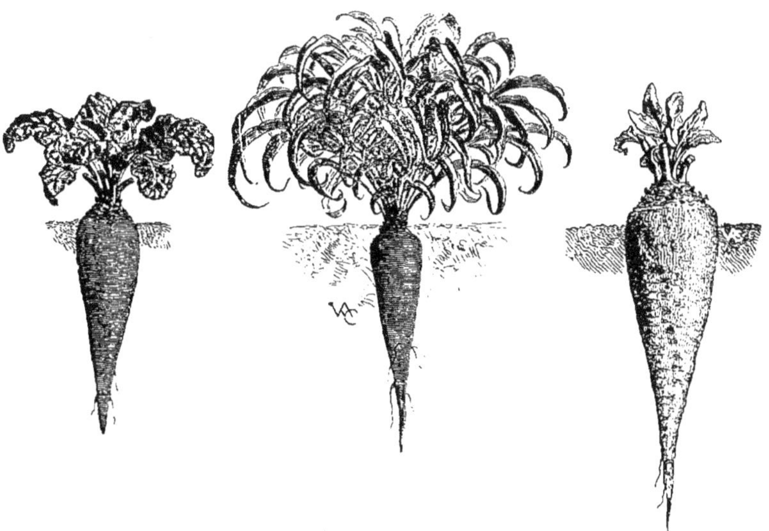

Fig. 73. — Betterave rouge naine de Dell.

Fig. 75. — Betterave rouge à feuillage ornemental.

Fig. 74. — Betterave rouge crapaudine.

La B. ROUGE NAINE, à feuillage fin, rouge foncé, à chair très rouge et qui figure au catalogue Vilmorin de 1856 est d'origine américaine. Elle est très voisine de la LONGUE ANGLAISE (1852) et peu différente de la ROUGE NAINE TRÈS FONCÉ (1859) (*fig.* 71). La rouge NAINE DE DELL (*fig.* 73), à feuillage rouge noir, mentionnée pour la première fois en 1884, n'est

qu'une forme de la précédente, à feuillage plus ample, rouge foncé, largement cloqué.

La B. ROUGE DE CHELTENHAM (1893) (*fig. 72*), est d'origine anglaise, et
à racine longue. Elle diffère surtout des précédentes par son feuillage qui
est vert, à nervures simplement rosées, alors que la peau et la chair de la
racine sont d'une belle couleur rouge sang intense. La « corrélation »
entre les caractères de coloration du feuillage et de la racine n'a donc pas
lieu ici.

La B. ROUGE FONCÉ DE MASSY (1916), la dernière en date parmi les
betteraves longues de ce type, est à racine complètement enterrée, à
peau lisse, violet foncé, à chair rouge noir, bien que le feuillage soit simplement rougeâtre.

La B. ROUGE CRAPAUDINE ou B. ÉCORCE (*fig. 74*) apparaît pour la première fois dans les essais en 1837 et au catalogue Vilmorin en 1858. Elle
est bien distincte par sa peau noire crevassée, rappelant l'écorce d'un
jeune arbre ou d'un radis noir. La racine est assez longue, presque

Fig. 76. — Betterave
rouge noir, demi-longue.

Fig. 78. — Betterave
rouge ronde précoce.

Fig. 77. — Betterave
rouge de Covent-Garden.

enterrée la chair très rouge; les pétioles rouges, quoique le limbe soit peu
coloré.

Nous avons vu que la B. NOIRE A SUCRE, à peau noire, rugueuse, mais
à chair blanche, présentait cette même nature de peau. C'est un caractère qui apparaît de temps à autre chez les betteraves sucrières et qui
semble bien être, par suite, de nature franchement récessive.

La B. dite ROUGE A FEUILLAGE ORNEMENTAL (*fig.* 75) ou encore « à feuille de dracæna » figure pour la première fois au catalogue Vilmorin en 1886. C'est une racine longue, rouge, du genre de la « rouge naine », mais en différant par son feuillage tout spécial, étroit, feuilles arquées en faucille, disposées en bouquet d'aspect gracieux. La chair est très rouge. C'est un excellent légume en même temps qu'une plante d'ornement.

Avec la B. ROUGE DEMI-LONGUE ou « HALF LONG BLOOD » (1850), nous commençons la catégorie des B. intermédiaires de forme entre les longues et les rondes. La racine est rouge, demi-longue, à chair très rouge, feuillage vert à nervures rouges. Au catalogue 1870, elle figure sous le nom de ROUGE NOIR DEMI-LONGUE (*fig.* 76).

La B. FINE RED, d'origine anglaise (1848), est demi-longue, piriforme, à écorce rosée et chair rouge clair.

La B. ROUGE DE COVENT-GARDEN (*fig.* 77) (catalogue 1884), est aussi d'origine anglaise, à racine plutôt longuement ovoïde que fusiforme et complètement enterrée. La chair est rouge sang et le feuillage très fortement coloré.

La B. ROUGE PIRIFORME DE STRASBOURG (Catalogue 1869), paraît au contraire, d'origine allemande. Elle est demi-longue, très enterrée, à peau et chair très rouges et feuillage très coloré.

BETTERAVES ROUGES RONDES. — On ne trouve aucune mention de betterave potagère *ronde* avant le commencement du XIXe siècle. La ROUGE RONDE PRÉCOCE (*fig.* 78) figure au catalogue Vilmorin dès 1821 et nous avons vu que la JAUNE RONDE apparaît dans cette même publication en 1837. La racine est arrondie, mi-aplatie, à moitié enterrée. La peau

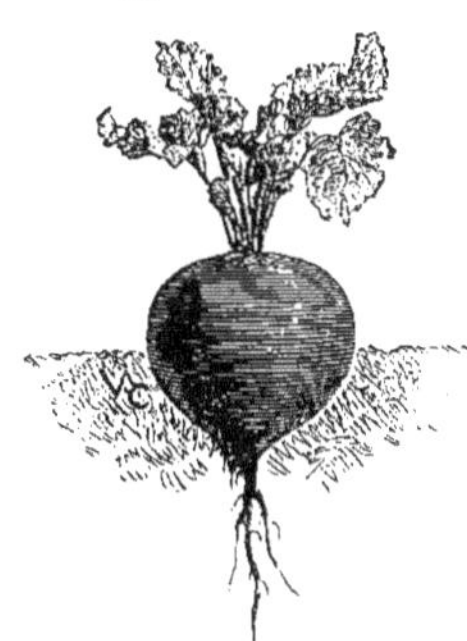

Fig. 79. — B. rouge
hâtive de Dewing.

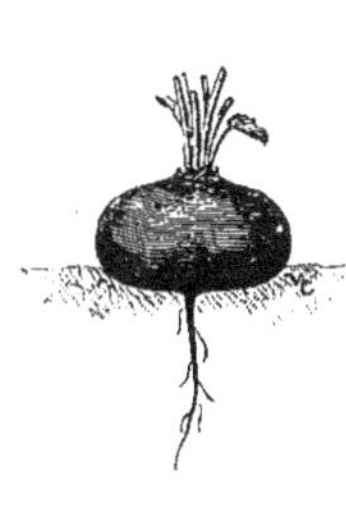

Fig. 80. — B. rouge noir
plate d'Égypte.

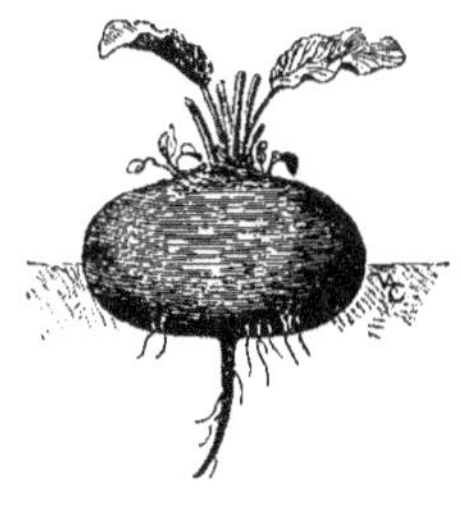

Fig. 81. — B. rouge
plate de Bassano.

rouge foncé, est un peu rugueuse; la chair d'un beau rouge, le feuillage à fond vert marbré de rouge brun. Il existe beaucoup de variétés très voisines, d'origine américaine, notamment la TURNIP ROUGE HATIVE, mentionnée en 1856, en forme de rave plate, à chair rouge intense, très estimée aux États-Unis à cette époque.

La B. ROUGE HATIVE DE DEWING (1884) (*fig.* 79) est aussi d'origine américaine; la racine bien lisse, hémisphérique au-dessus du sol, est en forme de toupie dans sa partie enterrée; la chair bien colorée, mais pas trop foncée; le feuillage moyen veiné et marbré de rouge.

La B. d'Égypte, ROUGE NOIR PLATE D'ÉGYPTE (*fig.* 80), mentionnée pour la première fois au catalogue Vilmorin pour 1869, est d'un type différent par sa très grande précocité; sa racine arrondie, aplatie en dessous, est très peu enterrée. La peau est rouge violacé et la chair rouge sang. La B. CROSBY EGYPTIAN est une forme américaine très voisine sinon identique.

La B. ROUGE PLATE DE BASSANO (*fig.* 81) est une variété italienne mentionnée au «Bon Jardinier» pour 1841 et au catalogue Vilmorin 1856. La racine est large, aplatie, à peau rouge, à chair zonée de blanc et de rouge; le feuillage est vert, lavé de rouge.

La B. ROUGE A SALADE DE TRÉVISE (*fig.* 82) (catalogue 1883), est aussi d'origine italienne. C'est une petite plante très naine, à racine en toupie, à peau presque noire, bien hâtive et surtout remarquable par son petit feuillage très léger et réduit.

La B. ÉCLIPSE (*fig.* 83) (catalogue 1886), d'origine américaine, est

Fig. 82. — Betterave rouge à salade de Trévise.

Fig. 83. — Betterave Éclipse.

Fig. 84. — Betterave Reine des noires.

également très précoce et se rapproche à ce point de vue de la B. d'Égypte. Elle en diffère par sa racine qui est franchement ronde au lieu d'être aplatie; la chair est très rouge et fine.

La B. REINE DES NOIRES (*fig.* 84) (catalogue 1890), est à feuillage beaucoup plus ample que celui des précédentes; il est largement cloqué et d'une intensité de coloris extraordinaire, pouvant être considéré comme ornemental. La racine est plutôt ovoïde que franchement ronde; la chair est rouge noir.

Enfin la plus récente des betteraves potagères rondes est la B. ROUGE VERMILLON RONDE TRÈS HATIVE (*fig.* 85) (catalogue 1913), variété très

Fig. 85. — Betterave rouge vermillon, ronde très hâtive.

précoce, à racine ronde, légèrement aplatie, à peau très lisse, à chair rouge vermillon, bien tendre et d'excellente qualité.

Pour terminer, nous pouvons classer sous différents types, dans le tableau ci-après, page 64, les 18 variétés de betteraves potagères (1 jaune, 8 rouges longues, 2 rouges demi-longues et 7 rouges rondes) qui figurent encore actuellement au catalogue commercial de la Maison Vilmorin-Andrieux et Cie; elles représentent bien, tout au moins pour la France, la série des variétés cultivées à l'heure actuelle.

A. Betteraves jaunes.
- *a.* Longues.
- *b.* Intermédiaires.
- *c.* Rondes : *jaune ronde sucrée* (1865).

B. Betteraves rouges.

a. Longues
à racine demi-enterrée	*rouge grosse ou rouge longue* (1771).
à racine enterrée	*rouge longue lisse* (1878). *rouge foncé de Whyte* (1848). *rouge foncé de Massy* (1916).
à racine petite	*rouge naine* (1856). *rouge naine de Dell* (1884).
à racine à écorce rugueuse	*rouge crapaudine* (1858).
plante à feuillage étroit	*rouge à feuillage ornemental* (1886).

b. Intermédiaires
racine demi-longue.	
racine longuement ovoïde	*rouge de Covent garden* (1884).
racine piriforme	*rouge piriforme de Strasbourg* (1869).

c. Rondes
racine ronde ou en toupie	*rouge hâtive de Dewing* (1884). *rouge de Trévise* (1883). *Éclipse* (1886). *rouge vermillon ronde très hâtive* (1916).
racine mi-aplatie	*rouge ronde précoce* (1821).
racine plate	*rouge noir plate d'Égypte* (1869). *rouge plate de Bassano* (1841).

D. — **Les bettes ou poirées**. — Les poirées qui figuraient il y a 100 ans sur le catalogue d'Andrieux, étaient la POIRÉE ORDINAIRE (*Beta Cicla viridis*) et LA POIRÉE BLONDE A CARDE (*Beta Cicla alba*); la poirée ordinaire n'avait pas le pétiole — la carde en terme horticole — très large ni très épais, aussi n'est-elle plus répandue de nos jours que dans la région de la Drôme, où elle est cultivée pour ses feuilles consommées à la façon des épinards (¹). Elle est vendue sur le marché en petites bottes, sous le nom de « saucisson d'herbe ». La poirée ordinaire à carde, et les variétés plus récentes à très grosse carde, lui ont été substituées dans les jardins. Ce sont des races horticoles plus productives. Il subsiste cependant dans la région lyonnaise, où les poirées sont très appréciées, une race dite « poirée commune de Lyon » à petite carde très blanche, à feuillage vert blond, avec un feuillage d'environ 80^{cm} de hauteur. Nous ne voyons pas de différence entre cette variété et la poirée blonde (commune).

Fig. 86. — Poirée (Bette) blonde commune.

La POIRÉE BLANCHE COMMUNE des catalogues Vilmorin-Andrieux devient, en 1874, la POIRÉE BLONDE OU VERTE COMMUNE (*fig.* 86). Il a pu se produire une hybridation fortuite qui aurait donné lieu à l'apparition de formes nouvelles. Ces bettes ont ensuite été divisées en : VERTE COMMUNE DE PARIS et BLONDE COMMUNE DE LYON. Il semble bien cependant que le type POIRÉE BLONDE (COMMUNE) soit parvenu sans modification notable, de 1771 à nos jours, tel qu'il a toujours figuré au catalogue Vilmorin; cette variété aurait donné, peut être, origine à la POIRÉE BLONDE A CARDE BLANCHE (*fig.* 87) (ancienne poirée à carde de Lyon) dont certaines lignées sont remarquables par l'épaisseur de la carde.

(¹) On sait que les Japonais mangent également les feuilles de certaines variétés de betterave (*voir* p. 56).

La POIRÉE A CARDE BLANCHE, indiquée par Vilmorin-Andrieux comme répandue dans les pays du nord, est une forme ancienne; nous la voyons, dès 1821, au catalogue Vilmorin.

Enfin la VERTE A CARDE BLANCHE a existé dans nos cultures depuis 1892. Les anciennes races avaient une carde moins large que la blonde à carde blanche, mais des sélections récentes lui ont donné une carde très développée, très blanche, contrastant avec le feuillage très vert. Elle tend à devenir la race la plus estimée à l'heure actuelle.

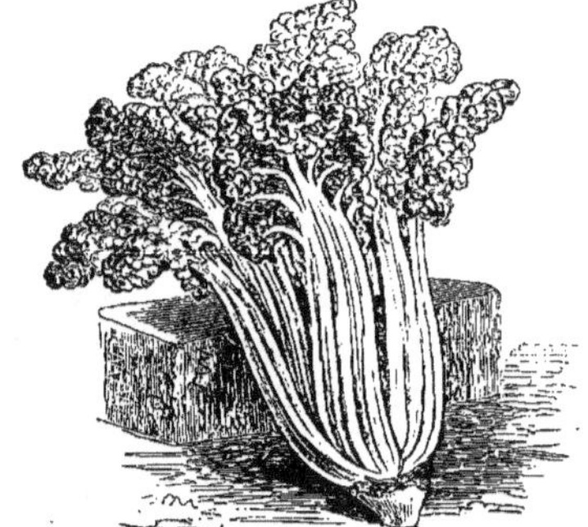

Fig. 87. — Poirée blonde à carde blanche.   Fig. 88. — Poirée à carde blanche frisée.

Les noms de ces diverses variétés, qui souvent sont de simples « marques » de tel ou tel obtenteur, prêtent à confusion, d'autant plus que les races lyonnaises ne portent pas toujours les mêmes noms que les races parisiennes. En outre, ce sont des appellations horticoles qui n'ont aucun caractère scientifique ni souvent une précision suffisante. A cela, il faut ajouter la possibilité d'hybridations fortuites qui compromettent l'intégrité de la race culturale.

L'hybridation est intervenue, d'après le « Bon Jardinier » de 1856, pour apporter à la bette le caractère de la feuille frisée signalé ensuite au supplément du catalogue Vilmorin en 1858, caractère fixé dans la POIRÉE VERTE A CARDE FRISÉE et dans la POIRÉE A CARDE BLANCHE FRISÉE (*fig.* 88). (« Plantes Potagères », 1904), dont les feuilles sont très blondes.

Une poirée « REMONTANTE » frisée a été lancée par une maison allemande vers 1910; dans nos cultures elle est montée à graine la deuxième année sans donner de cardes.

Les poirées de couleur ont, très généralement, été considérées comme des plantes ornementales. Les catalogues Vilmorin, à partir de 1821, indiquent des poirées à cardes rouges ou jaunes. De 1856 à 1882, Vilmorin-

Andrieux a vendu des poirées à CARDE ROUGE et à CARDE JAUNE DU BRÉSIL (*fig.* 89).

Il est difficile de savoir jusqu'à quel point ces plantes ne faisaient pas double emploi avec les poirées DU CHILI JAUNES et ROUGES (*fig.* 90).

Pour nous résumer, au sujet des variétés de poirées alimentaires courantes, les deux grandes divisions sont les poirées à feuille verte d'une part ; de l'autre les poirées à feuille blonde.

Fig. 89. — Poirée à carde du Brésil.

M. Ph. Rivoire nous écrit de Lyon : « La Poirée à carde est consommée dans de très grandes proportions dans la région lyonnaise, et a fait l'objet, de la part des jardiniers maraîchers, d'améliorations successives, particulièrement au point de vue de la largeur des côtes.

« La race à feuilles frisées est peu estimée à Lyon et la race maraîchère est à feuilles à peine cloquées, aussi bien pour la verte que pour la blonde.

Fig. 90. — Poirée à carde du Chili.

« Les progrès réalisés ont été importants, aussi bien dans les Poirées à feuilles vertes, que dans celles à feuilles blondes. »

CHAPITRE IV.

THÉORIES RELATIVES A L'HÉRÉDITÉ CHEZ LA BETTERAVE.

ÉPOQUE ANCIENNE.

Les idées qu'on se faisait dans l'antiquité et le moyen âge au sujet des différents caractères héréditaires chez la betterave nous sont peu connues. Nous savons seulement qu'Olivier de Serres (127) a signalé en 1605 la présence du sucre dans la racine. Marggraf en 1745 est parvenu à l'isoler. Il a trouvé 6,2 pour 100 dans la variété blanche et 4,5 pour 100 dans la variété rouge.

Un renseignement, trouvé dans plusieurs ouvrages, indique que l'on considérait en Italie, il y a 200 ans environ, que les betteraves potagères n'étaient pas d'origine indigène, mais étaient venues d'Allemagne. On ne donnait pas de détail précis sur les races ni sur leur fixité. En ce qui concerne la France nous savons que la betterave fourragère a été introduite d'Allemagne chez nous avant 1778, puisque Philippe-Victoire de Vilmorin (188) indique à cette date la « Dick Wurzel » comme déjà connue. La description que donne l'abbé de Commerell (33) de la betterave disette en 1786 se rapporte à une betterave fourragère analogue sinon identique.

Cette description est assez exacte pour que nous puissions nous représenter à peu près quelles étaient les formes et pigments de ces betteraves, certainement hybrides.

Au XVIIIe siècle on pratiquait une sélection sommaire pour les bettes ; nous lisons, dans une note portant le millésime de 1755 : « on choisit, pour replanter, les poirées à carde qui sont les plus blondes ».

M. de Commerell recommande la transplantation de la betterave comme pratique de culture. Cet usage est encore suivi en France, dans l'Ouest, à Thouars notamment.

Nous citons *in extenso* le chapitre de Commerell intitulé : « Choix des betteraves qu'on doit réserver pour la graine. »

« Le temps de la récolte est le moment de choisir les racines propres à porter de la graine ; les seules bonnes sont celles qui ont atteint une grosseur moyenne, qui sont unies, lisses, couleur de rose en dehors, et intérieurement blanches ou marbrées de rouge et blanc : tels sont les signes qui caractérisent celles qu'il faut conserver et cultiver. Celles qui sont toutes blanches ou toutes rouges, sont ou dégénérées, ou de vraies betteraves de jardin, dont la graine, par la négligence des cultivateurs, s'est mêlée avec celle de la Betterave champêtre. On doit loger séparément dans un endroit totalement à l'abri de l'humidité et de la gelée les racines qu'on destine à reproduire de la graine. »

Il est intéressant de remarquer, dès 1786, le soin apporté au choix des porte-graines : les betteraves qui sont toutes blanches sont considérées comme dégénérées, c'est-à-dire qu'elles ne donnent plus le type recherché à cette époque. Celles qui sont toutes rouges sont des vraies betteraves de jardin. L'abbé de Commerell ne parle que de négligence des cultivateurs et de mélange de graines et ne tient aucun compte du vicinisme (¹) qui, d'après son texte, devait évidemment être très fréquent. Un chapitre suivant indique « la manière de prévenir la dégénération des racines ».

« La graine de la betterave champêtre dégénère comme toutes les autres, quand on ne prend pas la précaution de la changer de terre tous les ans, ou au moins tous les deux ans; c'est-à-dire de semer dans une terre forte celle qui a été produite par une terre légère et sablonneuse, et dans un sol léger, celle qui est venue dans une terre compacte et forte. Ainsi, les cultivateurs des deux espèces de terres, en faisant tous les ans des échanges de leurs semences, se rendent réciproquement service. Cette graine se conserve dans toute sa bonté pendant trois et quatre ans. »

Il est évident que la méthode conseillée reposait plutôt sur une illusion que sur une réalité, et que la dégénérescence ne provenait pas de la culture faite plusieurs années de suite dans un même terrain, mais bien de causes tout autres (²).

DE 1850 A L'ÉPOQUE CONTEMPORAINE.

Louis de Vilmorin, aux travaux duquel l'école génétique moderne a rendu toute leur importance, publie en 1850 une note qui fait époque, sur un projet d'expérience intitulé : « Richesse saccharine de la Betterave (193). »

Nous prenons la liberté d'en citer de nombreux extraits :

« On sait que, dans les nombreuses variétés qu'ont fournies et que fournissent encore les plantes potagères, la plupart des variations qui se sont présentées ont pu être fixées par la persévérance et le soin qu'on a

(¹) Ce nom a été donné par de Vries au résultat d'une hybridation fortuite entre plantes voisines.

(²) Au sujet de l'influence du terrain sur la plante et non sur sa descendance, nous avons fréquemment observé que les racines qui nous ont donné le maximum de graines sont celles qui, cultivées dans un sol froid, à Verrières par exemple, ont été replantées à la sortie du silo, aux Barres, à Nogent-sur-Vernisson (Loiret), où le sol est argilo-calcaire et plus chaud, la nébulosité moins forte et la température un peu plus élevée.

mis à choisir pour reproducteurs les individus possédant au plus haut degré possible le caractère constituant cette variation. Ainsi chaque fois que dans un semis de radis, de carotte ou telle autre plante, un individu s'est montré très différent des autres par sa forme beaucoup plus courte, par exemple, si l'on recueille séparément ses graines et qu'après les avoir semées on choisisse constamment, parmi les individus qui en sortent, celui qui présente la racine la plus courte pour porter graine et servir de souche à la nouvelle race, on arrivera, après un certain nombre de générations, à donner à cette sous-race une fixité aussi grande que celle de la variété d'où elle est sortie. On peut donc dire, à peu d'exceptions près (dans les plantes anciennement cultivées et, par conséquent, déviées de leur type) que chaque variation appréciable à nos sens peut être amenée à l'état de race constante, se reproduisant par graine, au moyen d'une série plus ou moins longue de semis méthodiquement suivis.

» Tout ce que j'ai pu observer jusqu'à présent sur la question de transmission, par hérédité, des caractères dans les végétaux, me fait penser qu'il est nécessaire d'individualiser le plus possible les observations.

» Ainsi j'ai pris l'habitude, quand j'avais à façonner une race tant soit peu rebelle, de récolter et de semer à part la graine de chacun des individus que je marquais comme choix, au lieu de faire, comme ordinairement, un choix composé d'autant d'individus qu'il m'en fallait pour récolter la quantité de graine dont j'avais besoin, et j'ai toujours remarqué que, parmi ces individus, il y en avait quelques-uns qui donnaient un meilleur rendement que les autres et que je finissais par adopter comme type d'amélioration.

» J'ai dit, en commençant, que les sous-races obtenues par le choix attentif des individus producteurs acquéraient une fixité égale à celle de la variété dont elles étaient sorties ; mais il est bien important de se rendre compte que cette fixité est loin d'être absolue et ne ressemble en rien à celle que présente une espèce naturelle qui n'a pas encore été déviée par les soins de l'homme ; aussi, pour toutes les races potagères même les plus anciennes, la connaissance absolue du type de la variété est-elle tellement nécessaire quand il s'agit de faire le choix des individus reproducteurs que, selon que ce choix est fait un peu dans un sens ou un peu dans un autre, d'après l'appréciation que des personnes différentes peuvent faire des caractères de ce type, la race se trouve, en peu d'années, modifiée dans le sens où le choix a été fait ; et si les personnes qui font le choix prennent pour base non pas les qualités inhérentes à la race, mais celles qu'elles jugent y être plus particulièrement désirables, elle arrivera à parcourir une échelle de variations qui serait encore plus appréciable qu'elle ne l'est si l'on avait, plus souvent, les moyens d'établir une comparaison entre les différentes phases qu'elle a parcourues....»

Formé à l'observation minutieuse des caractères héréditaires par son père Philippe-André de Vilmorin, il souligne ainsi, le premier, l'importance de la sélection individuelle.

C'est en s'inspirant de ces principes qu'il étudie de très près la richesse individuelle en sucre de chaque betterave prise comme tête de famille, et qu'il fait passer la richesse moyenne en sucre de ses betteraves de 10 à 15 pour 100. Il se servit du saccharimètre pour la sélection à partir de 1853, ce qui l'aida grandement à obtenir des déterminations rapides de richesse individuelle (¹).

« L'hérédité est, dit-il, sans aucun doute, le fait sur lequel est fondée la création de toutes les races. Cette hérédité, considérée comme force agissante, doit être divisée par la pensée en deux faisceaux : parallèles et se confondant dans leur action dans le cas de la plante non modifiée : divergents, au contraire, dans le cas où elle s'est éloignée par un ou plusieurs de ces caractères, de la forme la plus générale, ou du type moyen de l'espèce.

» Mais, en outre, cette hérédité est essentiellement variable dans sa puissance et, par suite, dans ses manifestations.

» Pour les caractères physiques de volume, de forme, de couleur, etc., le témoignage de nos sens nous suffit pour savoir qu'ils varient dans les divers individus d'une même espèce, et l'observation nous apprend aussi qu'ils sont, plus ou moins, transmissibles par hérédité.

» La même chose a lieu pour des caractères chimiques que nos sens ne nous révèlent pas directement, mais qui peuvent, grâce aux procédés délicats que possède la science moderne, être aisément rendus appréciables et mesurés avec exactitude.

» Mais cette faculté même de transmettre à sa descendance les caractères qui lui sont propres, est précisément, pour l'individu dans lequel on la considère, un des caractères physiologiques.

» Or, si nous considérons maintenant séparément les deux faisceaux en lesquels on doit diviser l'action de la force qui constitue l'hérédité, nous remarquerons que celui qui s'applique à l'ensemble des ancêtres antérieurs au père direct (et auquel nous avons plus spécialement appliqué le nom d'*atavisme* (²), est une moyenne, tant en direction qu'en intensité, et que celle qui tend à produire la ressemblance au père direct ou hérédité immédiate, est au contraire essentiellement variable dans les indi-

---

(¹) Saillard, *La sélection de la betterave à sucre à l'Association des techniciens de sucrerie allemande* (*Annales de la Science agronomique française et étrangère*, 1922, p. 161).

(²) En ce qui concerne l'atavisme nos idées actuelles ont entièrement modifié l'ancienne conception. Il est bien entendu maintenant que cette force mystérieuse n'existe pas, et que la réapparition de la forme ancestrale est due à une recombinaison identique d'éléments héréditaires.

vidus. Mais la résultante de deux forces dont l'une est fixe et l'autre variable, est nécessairement variable, et l'hérédité dans son ensemble, consistant dans cette résultante, il s'ensuit que non seulement tous les individus ne sont pas susceptibles de transmettre au même degré à leur descendance les caractères qui leur sont propres; mais que deux individus ayant transmis, à un même degré, à leurs descendants les qualités qui les caractérisent, peuvent ne pas les avoir doués au même degré, peuvent même les avoir doués à des degrés très différents, de la faculté de transmettre ces mêmes qualités à la génération suivante.

» Ce fait même se retrouve agrandi dans ses limites pour les plantes, au point que quelques-unes douent leur descendance d'une fixité si grande dans les caractères qui ont formé la physionomie propre de la plante mère, qu'une race, équivaut presque à la valeur du groupe espèce ainsi formée de prime saut, tandis que, d'autres fois, on peut élever des milliers d'individus provenant d'une plante présentant quelque particularité remarquable, sans qu'un seul de ses nombreux enfants reproduise le trait distinctif de la mère.

» Mais comme cette faculté de transmission n'est rendue appréciable par aucun indice extérieur, que le fait seul en indique l'existence, il devient nécessaire de pouvoir éliminer à la deuxième génération toute la descendance de la plante mal douée sous ce rapport, et j'ai été amené, par ces raisons, à me faire une règle absolue d'individualiser les choix : c'est-à-dire de ne jamais mêler, à la récolte, des graines de deux plantes porte-graines destinées à servir à l'amélioration d'une race, si parfaites et si semblables même, que ces deux plantes pussent paraître.

» La première application méthodique que j'aie faite de cette règle remonte à 1837.

» En 1845, je fis à notre jardin de Paris une application de ces principes sur la Rose d'Inde naine hâtive, plante dans laquelle les fleurs doubles (c'est-à-dire composées uniquement de demi-fleurons) produisent des graines, mais qui donnait toujours dans nos semis environ un tiers de plantes semi-doubles ou simples. Sur dix plantes récoltées individuellement, deux n'ont donné que des doubles, et cette race ainsi obtenue en une seule génération s'est maintenue parfaitement pure depuis cette époque. »

Nous avons tenu à faire ces longues citations parce qu'elles indiquent chez notre grand-père, très en avance sur ses contemporains, une idée très nette de l'importance de l'étude de la descendance d'une plante individuellement considérée, par opposition à l'étude de la descendance des groupes de plantes, groupes qui ne présentent souvent que l'apparence de caractères communs.

La «Note sur quelques variétés de betterave blanche à sucre» (182) que nous avons citée plus haut montre quel avait été le succès de la méthode de Louis de Vilmorin : « Cette race améliorée Vilmorin (betterave à sucre), qui n'était qu'en voie de création est la plus riche que nous connaissions dans nos essais de cette année (¹). Nous avons eu des lots qui ont atteint les chiffres de 16 et 17 pour 100, la betterave Impériale titrant 9,8 à 11 pour 100, la blanche à sucre 7,5.

« Un lot de graines assez important a été livré l'année dernière aux fabricants et cultivateurs qui nous pressaient de leur céder cette betterave que M. Vilmorin eût voulu améliorer pendant plusieurs années encore avant de la mettre dans le commerce. »

L'amélioration de la forme eut lieu ensuite ; mais il est en effet certain que la forme de cette betterave de 1861, que nous avons figurée page 37, figure n° 22, était nettement médiocre ; le collet était trop gros et bourgeonneux, la racine insuffisamment nette et trop racineuse.

Dans la période de 1850 à 1884 Märker (100) signale que les fortes teneurs en sucre chez la plante mère se transmettent à sa descendance ; il ajoute : « A ma connaissance, aucun chiffre sur ce sujet n'a encore été publié. Ceux-ci ont un intérêt spécial en ce qu'ils montrent combien rationnel est le procédé des obtenteurs pour améliorer la race. La sélection a lieu seulement pour la racine mère dont on a déterminé la richesse en sucre par un morceau enlevé à la racine. Ce procédé est couronné des plus éclatants succès comme le prouve l'amélioration constante des variétés. Les obtenteurs ont donné un exemple frappant et montré le chemin qui était à suivre pour la sélection d'autres plantes de culture. »

On remarque aussi en Allemagne, dès cette époque, l'application en grand du procédé qui consistait à acheter des graines d'élite, notamment de celles de la race Vilmorin, et à les reproduire dans de grands domaines.

Märker (101) écrit en 1886, dans un rapport sur les résultats de culture en Saxe (²) : « L'influence des pieds porte-graines que l'on sélectionna par polarisation fut très importante sur la nature de la descendance. » On signale également l'avantage obtenu par l'emploi des porte-graines les plus riches chez M. Heine à Hadmersleben. L'auteur ajoute : « Naturellement on n'employa pour la reproduction que la lignée qui fut obtenue par les pieds mères les plus riches et chez laquelle les bonnes qualités de ceux-ci s'étaient transmises. »

On voit donc, en Allemagne aussi, se répandre l'idée de l'importance de l'étude détaillée de la transmission des caractères utiles et celle de

---

(¹) 1861.

(²) *Siebenter Bericht ueber die Resultate der in der Provinz Sachsen mit verschiedenen Zuckerrübenvarietäten aussgeführten Anbauversuche*, 1886.

l'étude de plusieurs générations de la même variété de plante, exprimée par ce mot « lignée ».

Ceci indique bien que l'on avait constaté que ces qualités ne se transmettent pas à coup sûr. Plus loin, l'auteur insiste : « De telles expériences montrent aux obtenteurs si leurs efforts sont dans la bonne direction. » Mais ce rapport ne mentionne pas les causes, qui, comme la fécondation croisée, peuvent empêcher ou contrarier complètement l'effet de la sélection à la richesse.

Hellriegel (70) en 1883 citait déjà l'homogénéité de la richesse que présentaient les betteraves à sucre; il indiquait aussi ce fait connu des sélectionneurs, que les grosses betteraves sont en moyenne sensiblement moins riches que les petites. Cette corrélation n'est pas absolue comme nous le verrons plus loin.

A cette même époque Georges Ville (180) disait : « Si l'on a eu souvent des mécomptes dans la sélection, c'est que l'on a admis que les graines provenant de sujets de belle qualité étaient toutes d'égale valeur et devaient donner une descendance homogène et de bonne qualité; et l'on s'est contenté parfois de ne faire la sélection qu'une année, en prenant ensuite comme porte-graines des sujets quelconques pris dans la descendance. Cette manière d'opérer est défectueuse : la descendance dégénère très rapidement.

» La sélection doit être opérée avec soin et sur chaque génération et éliminer chaque année, des lots de reproduction, les betteraves petites et racineuses, les sujets à collet défectueux ou à richesse saccharine faible. »

Marek (99) à Kœnigsberg, qui se livrait à des expériences sur l'hérédité de la betterave, disait : « La richesse saccharine est réellement propriété héréditaire de la betterave. » — « L'influence du lieu où se fait la culture n'est pas suffisante pour effacer cette propriété. » — « La propriété de la transmission de la richesse saccharine à la génération suivante est à tel point énergique que l'on peut encore la constater quand la génération ultérieure est cultivée sur un sol défavorable à la betterave. »

Henry de Vilmorin (197) déclarait à la Société des Agriculteurs de France, en 1888, qu'il était possible de fixer très rapidement une race de betteraves : une fois les desiderata exposés, la sélection pouvait les réaliser dans un délai de quelques années.

Il revenait sur la question en exposant que les règlements fiscaux, souvent modifiés, rendaient difficile le problème de la sélection des betteraves industrielles; une race n'était pas plutôt créée qu'il fallait la modifier.

« Le croisement entre races distinctes est, dit-il, un excellent moyen de provoquer les variations, mais c'est aussi une cause qui détruit la fixité. Aussi faut-il après de tels croisements, soumettre la descendance à une sélection rigoureuse et prolongée pour avoir un produit constant. »

F. Knauer (82) définissait ainsi la « race de betteraves » : « C'est une réunion d'exemplaires, dans laquelle les individus isolés ont entre eux un lien de parenté, qui s'exprime par leur grande ressemblance entre eux, vu qu'il procèdent d'ancêtres de la même espèce et produisent à leur tour des descendants doués de qualités identiques ; que, de plus, ils transmettent leurs qualités à un certain nombre de générations, alors même qu'ils sont transplantés dans un autre climat et un autre sol... »

Knauer cite ensuite Darwin dans ses principaux Chapitres. Darwin (38) dit : « Chacun sait que les organismes, même dans l'état de nature, possèdent une variabilité individuelle ; toutefois la seule existence d'une telle variabilité et de quelques variétés bien définies ne nous met pas en état de répondre à cette question importante : comment toutes ces adaptations merveilleuses d'une partie de l'organisation à l'autre et aux conditions extérieures de la vie, d'un être à un autre être ont elles été opérées ? Nous ne pouvons pas encore non plus dire comment il se fait que les variétés que nous appelons genres naissants se métamorphosent en genres constants et distincts.... Les variétés actuelles n'ont pas été produites tout à coup si parfaites et si utiles... ; la solution en est dans la puissance que possède l'homme de choisir et d'accumuler ; la nature livre peu à peu maints changements ; l'homme les dirige. »

Knauer conclut à l'application de la méthode suivante : éviter les croisements, améliorer dans la race même, ce qui a été considéré jusqu'à tout récemment comme un principe absolu.

Ses définitions des races de culture et de l'idéal de la betterave à sucre sont assez justes, les voici : « Les races de culture sont celles en qui l'on voit clairement les effets du cultivateur. On reconnaît en de tels groupes des qualités qui restent constantes à travers les générations, mais l'on reconnaît aussi qu'elles correspondent à certains buts d'utilité voulus ou qu'elles sont à dessein destinées à remplir certaines fonctions ; en un mot, on reconnaît en elles les traces de l'art humain. »

« L'idéal, le but final de toute sélection de betterave, doit être la plus grande richesse de sucre possible, accumulée dans une betterave grosse, bien formée, pivotante et juteuse. »

Nous ajouterions maintenant : dans une betterave courte et facile à arracher.

En effet, les difficultés d'arrachage rendent cette qualité de plus en plus nécessaire à l'heure actuelle. Des types de betteraves de forme ovoïde, faciles à arracher comme l'était autrefois la Gerlebocker (*voir* p. 39) et comme celles figurées par Séverin (166) reproduites *fig.* 16 et 17 devront de plus en plus être recherchées. Nous donnerons, page 119, les résultats d'une de nos expériences en cours pour l'obtention de betteraves de cette forme.

Darwin (38 et suiv.) a fait une expérience d'un certain intérêt au sujet d'une comparaison entre deux séries de betteraves : les premières provenant d'une betterave autofécondée, les secondes d'une betterave hybridée. Darwin n'a pu, avec la technique employée à son époque, soustraire la betterave dite « autofécondée » à tout pollen apporté par le vent ou les insectes, notamment les Thrips ; par conséquent son expérience est réduite à la comparaison entre la descendance d'une betterave dont une partie plus ou moins grande des fleurs ont pu être autofécondées et celle d'une betterave certainement hybride. Telle quelle est, cette expérience montre une plus grande vigueur chez les descendants de la plante hybridée, ce qui est à rapprocher de ce que nous verrons plus loin.

Des opinions de Knauer et de Darwin ainsi que de cette dernière expérience, nous retiendrons les idées suivantes : l'accumulation possible de caractères utiles, l'adaptation au milieu, enfin la vigueur des hybrides, dernière conception qui, remarquons-le, ne cadre pas avec l'idée d'améliorer « dans la race même ». Nous ne suivrons pas Knauer dans les applications qu'il fait des idées de Darwin sur sa manière de « faire passer les qualités des meilleurs individus sur d'autres individus » dont il néglige de nous expliquer le mécanisme ; et dans ses idées propres sur l'atavisme lorsqu'il déclare : « Il apparaît parfois et d'une façon inattendue un sujet qui montre les marques et les qualités d'un ancêtre ayant vécu peut-être avant six, huit, dix générations, voire même avant un siècle. » Knauer ne tient pas compte évidemment des possibilités de recombinaisons de caractères à la suite d'hybridations. Cette conception n'avait d'ailleurs pas cours à son époque.

Pour terminer, Knauer s'élève contre l'idée de Nowoczeck d'hybrider sa betterave avec la betterave Vilmorin. « De ce croisement, il résulterait à coup sûr des betteraves de toutes les formes et de toute espèce de feuilles ; après 10 ans d'un travail de sélection énergique, on pourrait obtenir peut-être quelques sujets de la même forme, mais ils seraient continuellement exposés aux influences de l'atavisme et sujets à dégénérer. Qu'on laisse donc à la noble Betterave Électorale ses qualités excellentes pour les terrains calcaires et marneux de la Bohême, de la Hongrie, de l'ouest de la Prusse, de la France et de la Belgique. Quant à la Betterave Vilmorin, on peut, d'une autre manière et sans vouloir la croiser avec l'Électorale, lui faire perdre la mauvaise habitude qu'elle a d'être trop petite et de devenir facilement racineuse. »

Knauer, qui avait un intérêt matériel à encenser la « noble » betterave électorale et à dénigrer une race française, ne s'en prive pas à l'occasion.

Nous pouvons d'ailleurs ajouter que des hybridations multiples et voulues, d'où sont sorties, après tâtonnements, maintes races commerciales connues, ont été certainement faites en Allemagne.

A l'époque actuelle, la question a été réétudiée avec des betteraves soumises à une stricte autofécondation et elle se présente autrement.

Dureau écrit, en 1886 (45), dans son *Traité de la culture de la Betterave à sucre* : « La Betterave Vilmorin dont l'histoire est bien connue, a été obtenue de la blanche de Silésie en 1855, et amenée par M. Louis de Vilmorin, au moyen de la sélection, à présenter, au bout de quelques générations, une richesse de 15 à 18 pour 100 de sucre. Elle en est là depuis de longues années et l'expérience a prouvé qu'il serait chimérique de chercher à obtenir une richesse plus grande, car la plante cesserait alors de végéter avec une force suffisante. »

Ces affirmations ont heureusement été démenties par les faits. L'étude des descendances des betteraves riches de différentes races a permis, surtout dans toutes les dernières années 1912 à 1922, d'obtenir des lignées d'une richesse en sucre supérieure à 18 pour 100. Nous reviendrons page 118 sur cette question.

Pour résumer cette période, nous emprunterons le résumé historique de M. Schribaux [1] (163). Avec les premières betteraves d'Achard, betterave de Silésie, etc., on avait recours à la sélection morphologique, et il cite Philippe-André de Vilmorin comme l'ayant pratiquée dès 1820. Puis vinrent, de 1837 à 1859, les expériences de son fils Louis, qui, le premier, employa une méthode de dosage densimétrique (le procédé du lingot) [2], puis le saccharimètre. Le graphique publié par M. Schribaux est très intéressant et montre les progrès considérables obtenus de 1838 à 1912 : Dans la première période, de 1838 à 1868, avec la sélection morphologique, la richesse moyenne a progressé de 8,8 pour 100 de sucre à 10,1 ; de 1868 à 1888, elle est montré à 13,7 et de 1888 à 1912 à 18,5.

De 1850 à 1890 les systèmes de sélection pratiqués dans notre famille se sont succédé ainsi :

1850 : Sélection d'après la densité de fragments de racine.

---

[1] *Bulletin de la Société Nationale d'Encouragement à l'Industrie*, 1915.

[2] Voici un résumé de la méthode du lingot extraite des *Notices sur l'amélioration des plantes*, par Louis Vilmorin, page 26 :

« Cette méthode est fondée sur l'appréciation de la densité du jus lui-même, obtenue par déplacement, en y pesant un petit lingot d'argent d'un volume connu. Le morceau, enlevé à l'emporte-pièce, étant râpé, fournit facilement les 7 à 8 centimètres cubes de liquide nécessaires pour une pesée du lingot. Cette pesée, étant faite sur un trébuchet très sensible, donne avec certitude le demi-milligramme, et, par conséquent, la quatrième décimale, approximation dont l'exactitude dépasse les besoins de l'expérience et qu'aucune autre méthode ne pourrait donner, en opérant sur une aussi petite quantité de liquide. Il est inutile d'ajouter que la température, prise au moyen d'un thermomètre au dixième de degré (pour plus de rapidité), est portée sur le registre à la suite de chaque pesée du lingot, et que le jaugeage des vases, la finesse du fil de suspension et l'identité absolue de toutes les conditions de l'opération, éliminent encore les erreurs que, dans le début, avait pu produire une certaine irrégularité dans la manière d'opérer. »

1852 : Sélection d'après la densité du jus ([1]).

1856 : Une polarisation de contrôle est adjointe.

1874 : Sélection par le saccharimètre (polarisation du jus).

1890 : A cette sélection est ajouté l'usage de la méthode de diffusion aqueuse à froid ([2]).

M. Saillard analysant les méthodes françaises de sélection en 1922 (160) indique l'avance prise par notre grand-père qui a le premier employé la méthode de sélection individuelle, et s'est, le premier, servi du saccharimètre pour le dosage des betteraves dès 1853, comme l'indiquent les cahiers de cette époque conservés au laboratoire de Verrières ([3]).

Les travaux de Decaisne (41), sur la structure de la betterave, remontent à 1838 et ceux de Payen (128), sur la localisation de la substance sucrée, à 1847.

ÉPOQUE CONTEMPORAINE

La période contemporaine s'ouvre par les travaux d'isolement de la betterave contre tout pollen étranger. C'était là la suite logique des expériences de Louis de Vilmorin. Une fois le principe de la sélection individuelle admis et entré en pratique, il était normal d'essayer de protéger chaque individu contre l'hybridation. C'était la conséquence nécessaire des principes posés et renforcés par la découverte des travaux de Mendel (102), en 1900 ([1]).

On a isolé la betterave sous des abris en gaze en Allemagne. Nous n'avons jamais vu de ces appareils pour notre part. Ce système n'a rien donné d'intéressant : le pollen et les insectes traversaient ce crible sans aucune difficulté ([5]).

([1]) Nous reproduisons ci-contre, à titre documentaire (*fig.* 91), le frontispice d'une petite notice publiée par Louis Vilmorin, en 1858.

([2]) SAILLARD, *Les graines de Betteraves à sucre* (*Annales de l'Agriculture française et étrangère*, mai-juin 1922).

([3]) Dans les cahiers de culture de Verrières nous relevons ceci : en 1873, la betterave Knauer donne 8,7 pour 100 de sucre, la Vilmorin 13 pour 100. En 1880, la Vilmorin 16,7 à 16,9 contre 10,9 pour les plus riches variétés étrangères. Ces chiffres sont à rapprocher de ceux que nous donnons page 73 concernant la Betterave Impériale en 1858.

([4]) On sait que le Mémoire de Mendel qui donne l'énoncé de la loi sur l'individualité des caractères et leur recombinaison chez les hybrides fut publié en 1865 dans le *Bulletin de la Société d'histoire naturelle de Brünn*, en Moravie, et qu'il resta totalement inconnu. Ce n'est qu'en 1900 que trois biologistes, Hugo de Vries, Correns et Tschermak travaillant indépendamment, furent conduits à sa découverte par leurs recherches bibliographiques [G.-J. MENDEL, *Versuche uber Pflanzen Hybriden* (*Verh. Natur. Ver in Brünn*, Bd X, 1865)]. (Une traduction française a paru dans le *Bulletin scientifique de la France et de la Belgique*, décembre 1907).

([5]) Le mot de *gaze* se trouve en toutes lettres dans l'ouvrage *L'amélioration des plantes dans l'agriculture allemande* (traduction française), édité en 1911 à Berlin par la Société allemande d'Agriculture. Il existe, il est vrai, des photographies dans le texte, page 256, qui paraissent représenter des tentes en toile plutôt qu'en gaze.

NÉCESSAIRE

POUR

L'ESSAI DES BETTERAVES

A SUCRE

AVEC UNE INSTRUCTION

Par L. VILMORIN

PARIS

DELEUIL, FABRICANT D'INSTRUMENTS DE PRECISION

6, RUE DU PONT-DE-LODI.

1858

Fig. 91. — Voy. page 78.

Fig. 92. — Betterave à sucre ayant monté à graine une seconde année.
(Voy. p. 89).

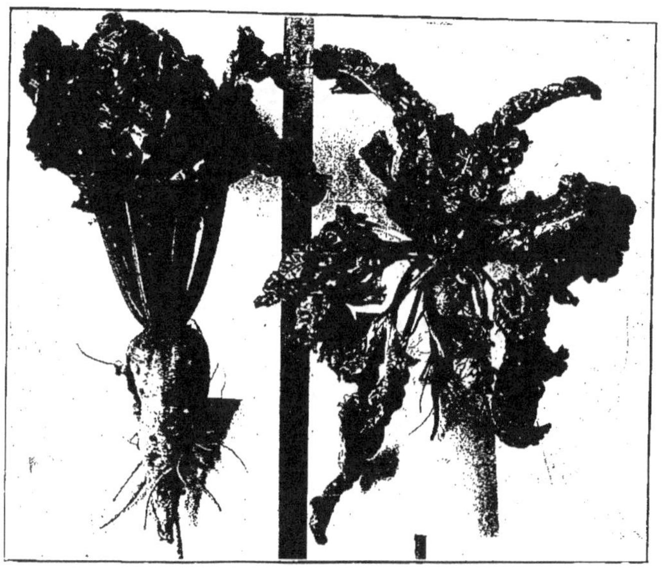

Fig. 93.

Betterave normale.　　　　Betterave à sucre
à feuillage extrêmement frisé.
(Voy. page 98).

Fig. 94. — Betterave géante blanche (très grande taille).
(Voy. page 98).

En Suède, Birger Kajanus (78 et suiv.) a cherché principalement à élucider des problèmes héréditaires, notamment la transmission de la forme et de la couleur dans la betterave. Dans ce but il a étudié à Landskrona (Suède) des croisements artificiels opérés sous isoloir en toile ou sans isoloir dans les champs, entre betteraves de différentes variétés.

Dans son travail de 1911 (*Genetische Studien an Beta*) (78) il a divisé les caractères de forme en six groupes.

A, forme « en pieu », étroite, très pointue, trois fois aussi longue que large. Une forme particulière de même ordre est la betterave dite « corne de bœuf » qui est tordue.

B, cunéiforme, se réduisant du haut en bas. Allongée.

C, ovale; la partie la plus grosse au milieu; à peu près deux fois plus longue que large.

D, cylindrique; quelquefois un peu resserrée au milieu; le dessous obtus.

E, ronde, ayant plus ou moins la forme d'une boule.

F, ronde plate, courte; dessous aplati.

Au sujet de la betterave corne de bœuf, le rapport 3 betteraves corne de bœuf contre 1 betterave non tordue, avait été remarqué par Kajanus, ce qui semble indiquer que dans les betteraves à racines droites on a fixé un caractère récessif. Il ne réapparaît, en effet, presque jamais de betteraves tordues dans ces races.

Dans son travail, Kajanus émet l'hypothèse de l'existence de deux paires de caractères opposés dont l'une s'applique à la longueur de la racine (L, longitudo) et l'autre à la forme acuminée de la partie inférieure (A, acumen).

En admettant la théorie de « présence et absence », controversée à l'époque actuelle, on obtient, selon Kajanus, les combinaisons suivantes :

LLAA, ovale pointue (ovale cunéiforme).

L l AA, piriforme.

l l AA, ronde.

LLA a, ovale avec pointe arrondie (ovale cylindrique).

L l A a, ovale courte (ovale arrondie).

l l A a, ronde obtuse.

LL a a, cylindrique allongée.

L l a a, cylindrique courte.

l l a a, ronde plate.

Au point de vue couleur, Kajanus a divisé les betteraves en :

A, rouge.

B, rose.

C, blanc.

D, jaune, subdivisé en : *a* orange tirant sur le rouge; *b* jaune foncé; *c* jaune clair.

La théorie des facteurs de couleur adoptés pour l'étude est assez compliquée et nous résumons plus loin les idées plus récentes de cet auteur sur cette question.

Dans ses autres travaux publiés de 1912 à 1917, Kajanus donne une bibliographie intéressante des auteurs allemands : d'abord Steglisch (172) et Fruwirth (51). Ce dernier a obtenu du croisement de deux betteraves jaunes une descendance presque totalement jaune, sauf 7 blanches sur 117. Des descendances de betteraves jaunes ont aussi donné des rouges.

Il cite ensuite Tschermak (177), Andrlik, Bartos et Urban (178) qui ont considéré que les descendances de betteraves autofécondées sont dégénérées; il y a moins de production de graines chez les plantes mères et les descendances sont plus faibles que dans les betteraves interfécondées ou hybridées.

L'auteur a dit que les plantes hybrides bénéficiaient, au moins en première génération, d'une vigueur et d'un développement plus grands dus à l'hybridation, phénomène qualifié depuis, par Shull (170), du nom *d'hétérosis*. Quant aux betteraves autofécondées, elles subissent, dans leur descendance, une diminution de vigueur causée par l'autofécondation; d'autre part elles ont, ce qui se conçoit, une grenaison moindre par suite des conditions tout à fait anormales dans lesquelles se trouve placée la plante isolée sous toile. Ces deux causes d'infériorité relative ne sont pas de la dégénérescence.

Kajanus note la plasticité de la betterave, le grand nombre de formes variées de la racine et se réfère aux travaux de Krauss (86) qui sont analysés page 82.

Les expériences de Kajanus ont montré que, parmi ses diverses hybridations, la forme allongée de la betterave à sucre a dominé sur les autres formes. Dans une descendance d'hybrides, on a la proportion numérique suivante : 3 longues; 1 courte et aussi très souvent 3 pointues; 1 obtuse.

L'analyse des betteraves sucrières et fourragères donne lieu à une descendance qui fut étudiée en détail. Kajanus observe que les betteraves sucrières obtenues de ce croisement étaient pauvres en sucre (moyenne 5,1 pour 100 de sucre) et se rapprochaient, par conséquent, des premiers types qu'on avait obtenus autrefois au début de la sélection de la betterave à sucre.

C'est à la même conclusion qu'arrive Munerati lorsqu'il dit qu'il suffirait de croiser la Betterave sucrière actuelle avec la Betterave potagère ou fourragère pour reconstituer en une ou deux générations la Betterave d'Achard.

Les résultats des descendances observées en 1912 donnèrent, dans tous les types hybrides, une majorité de types ovales qui se montrèrent assez stables. Pour le reste, le classement des formes ne correspondit pas au système mendélien et ne put être systématisé comme l'auteur l'avait fait dans son précédent travail. Kajanus déclare même qu'il n'observait dans les types cultivés aucune stabilité relative à la forme; il ajoute qu'une sélection répétée est nécessaire pour maintenir un type moyen.

Pour lui, l'ordre dans lequel se sont présentées historiquement les diverses formes cultivées est le suivant : d'abord les poirées dont on mangeait les feuilles, puis les potagères, les fourragères et enfin les sucrières.

Au point de vue couleur, il a observé que les betteraves potagères renferment généralement du pigment rouge violacé dans toutes les cellules de la racine. Dans les racines rouge orange, il n'a jamais trouvé de pigments réellement rouges; dans les racines rouges il a trouvé par contre des pigments jaunes : toute la gamme des jaunes allant du jaune pâle jusqu'au jaune orange, et des teintes intermédiaires entre le rose et le rouge. Il indique aussi le fait connu de racines à épiderme très coloré, rouge, jaune, noir, et à chair entièrement blanche.

D'après cet auteur, les colorations des betteraves ne correspondent pas exactement à la théorie mendélienne; certaines couleurs sont à peu près fixées, mais elles s'appliquent au caractère moyen d'un groupe. Dès que ce groupe est dissocié, des couleurs étrangères apparaissent : il cite des croisements de deux betteraves jaunes qui donnent des rouges et des jaunes; des croisements de jaunes et rouges qui donnent des jaunes, des blanches, des roses et des rouges. Nous analysons plus loin (p. 94 et 95) les travaux de Lindhard et Iversen sur le même sujet.

Les conclusions principales du second travail de Kajanus (79) sont les suivantes : les betteraves montrent des types assez homogènes, mais fortement modifiables. L'isolement des betteraves, selon lui, amène une sorte de dégénérescence et n'améliore pas les types sélectionnés; les types moyens, obtenus par fécondation croisée, sont plus constants.

Dans ses travaux de 1917 (81) (*Ueber die Farbenvariation der Beta Rüben*), il revient sur la question couleur. Les chiffres obtenus s'écartent des proportions mendéliennes théoriques escomptées. Kajanus pense que ses tentes d'isolement n'ont pas été hermétiques et qu'ainsi il y a pu avoir hybridation par pollen étranger. Il cite des betteraves isolées d'au moins 500ᵐ, qui ont grainé à l'air libre et ont été certainement hybridées. Ceci n'a rien d'étonnant : Comme nous l'avons dit page 14, on considère dans la pratique culturale en France que 800ᵐ d'éloignement sont à peine suffisants pour isoler l'un de l'autre deux petits lots de betteraves à graine et avoir des chances de non-hybridation. Kajanus dit aussi qu'un certain nombre de betteraves doivent être autostériles. C'est ce que nous avons observé nous-mêmes sous nos tentes isoloirs. A notre passage l'an dernier à Weibullsholm (Suède), M. Halkwist, continuateur des travaux de M. Kajanus, nous a fait remarquer qu'il considérait le feuillage cloqué des betteraves à sucre comme dominant sur celui des betteraves fourragères.

Krauss (86) a publié un travail important sur la forme des betteraves. Il a remarqué que l'épaississement de la betterave se produit, suivant les variétés, à différents endroits de l'axe épicotylé, hypocotylé, et de la racine (pivot). D'après lui le pourcentage de l'épaississement se répartit comme suit dans les différentes variétés :

	Axe épicotylé.	Axe hypocotylé.	Pivot.
Bette	2,5	2,5	95,0
Betterave à sucre	5,8	5,0	89,2
Betterave fourragère à racine allongée	6,6	8,4	85,0
» ovale	10,5	11,5	78,0
» forme d'Eckendorf	12,7	20,7	66,6
» ronde	13,4	14,0	72,6
» ronde plate (Oberndorf)	45,4	30,5	24,1
Betterave à salade	15,1	34,3	50,6

Krauss constata également que le nombre de cercles concentriques de faisceaux vasculaires de la racine est, chez les fourragères et les betteraves « à salade », plus petit que chez les sucrières et bettes et que le rapport entre l'épaisseur de la racine au nombre des cercles de faisceaux diffère suivant les variétés.

	Épaisseur de la racine en millimètres.	Nombre de cercles.	Rapport de l'épaisseur au nombre de cercles.	
Bette	34,1	7,6	4,5	
Betterave à sucre	59,6	9	6,6	
Betterave fourragère à racine allongée	57,8	6,3	9,2	
» ovale	62,7	6,6	9,5	Moyenne
» forme d'Eckendorf	74,3	6,2	11,9	11,1
» ronde	76,7	6,9	11,1	
» ronde plate	102,7	7,5	13,7	
Betterave à salade	62,9	6,8	9,2	

La largeur moyenne de la zone entre les cercles s'est montrée plus grande chez les fourragères et les betteraves à salade que chez les sucrières et bettes, ce qui correspond avec la grosseur des cellules du parenchyme, lesquelles chez les premières sont en moyenne deux fois plus grandes que chez les dernières.

Krauss considère la bette comme la plante originaire. Viennent ensuite les sucrières qui, par leur forte épaisseur et la conservation de la forme pivotante, montrent une notable modification de type. Les formes ovales et rondes plates montrent l'épaississement de plus en plus concentré vers la partie haute de la plante (axe épicotylé).

Le professeur Munerati (109 et suiv.) en Italie, s'est occupé exclusivement de la betterave à sucre; mais, pour étudier la question à fond, il a débuté par l'étude de la betterave sauvage et par la constitution d'une très complète bibliographie qui nous a été très utile pour l'étude présente.

En ce qui concerne les betteraves sauvages, Munerati s'est servi du matériel d'étude qu'il avait sous la main, au bord de la mer, à l'embouchure du Pô, où le *Beta maritima* L. croît en abondance.

Ses conclusions principales sont les suivantes; nous les extrayons de son étude sur les betteraves sauvages et d'une correspondance que nous avons eue avec lui :

1° Le *Beta maritima* L. donne généralement des graines l'année même du semis. Un très petit nombre d'individus meurent la première année et sont donc annuels.

2° Un certain nombre d'individus n'ayant pas atteint un développement suffisant la première année ne grainent que la deuxième année.

3° Le *Beta maritima* L., à l'état spontané et en culture, se conserve vivace plusieurs années (quelquefois sept ans).

4° Les plantes sauvages qui possèdent le caractère bisannuel, peuvent constituer le point de départ de sélections individuelles intéressantes pour les usages culturaux; de même des betteraves qui ne donnent des graines que la troisième année ont tendance à reproduire des betteraves bisannuelles.

L'étude de la dominance des caractères mendéliens amène Munerati à conclure que, dans la betterave sauvage, le caractère montée à graine dès la première année est dominant.

Le type sauvage, dans ses croisements avec le type cultivé, s'est également montré dominant sur ce dernier.

L'auteur étudie ensuite les variétés de betteraves à sucre connues, ou plutôt les «marques» commerciales. Il déclare que toutes les formes répandues sous différents noms ne sont qu'une même plante cultivée, et il ne trouve entre ces divers types commerciaux qu'une différence minime. Le type moyen des betteraves à sucre est homogène; les sélectionneurs ont éliminé peu à peu les betteraves pauvres en sucre, ligneuses ou colorées. Il n'y a pas de retour brusque à la betterave sauvage, car le type est bien fixé.

Le grand mérite de Munerati est d'avoir étudié en détail et méthodiquement, chez la betterave à sucre, tous les problèmes de l'hérédité (¹).

____

(¹) Nous croyons utile de citer ici certaines particularités des méthodes de travail utilisées à la Station de Biéticulture de Rovigo sous la direction du Dr Munerati :
Pour pouvoir faire porter la sélection sur un nombre considérable de sujets, les racines

La betterave étant habituellement soumise à la fécondation croisée, comme nous l'avons dit, il était nécessaire de savoir ce qui se passait lorsqu'on essaie de l'isoler complètement et de la mettre dans les conditions d'une stricte autofécondation. Munerati réfute les théories des expérimentateurs qui déclarent que l'autofécondation donne des types racineux ou colorés. Lorsqu'il a lui-même cultivé les betteraves sous des isoloirs en toile, il a parfois obtenu des types colorés en rose parce qu'un peu de pollen a pu pénétrer dans l'isoloir, ce pollen venant de betteraves roses cultivées par lui sous d'autres isoloirs ; mais c'est là de l'hybridation, peut-être due à de petits insectes (thrips), qui auraient pu passer à travers l'étoffe.

Il constate également une diminution de vigueur très nette dans la descendance des betteraves isolées sous toile.

Chaque descendance de betterave ainsi traitée présente généralement un ou plusieurs caractères nettement distincts ; au contraire les betteraves ayant grainé ensemble ont généralement une descendance qui présente une certaine homogénéité.

Munerati (110) parle aussi de la vigueur spéciale des hybrides, fait biologique connu, et qui a été appelé, comme nous l'avons dit, « hétérosis » par Shull. Nous reviendrons d'ailleurs dans les derniers paragraphes de ce travail sur plusieurs idées de Munerati que nous partageons avec lui.

Les Allemands ([1]) ont récemment attiré l'attention (73) sur l'intérêt qu'il y aurait à étudier les combinaisons azotées qui se trouvent dans certaines betteraves, notamment les betteraves fourragères, et aussi sur les enzymes (invertase, tyrosinase, oxydase et catalase), leurs actions étant d'une importance pratique considérable tant au point de vue du développement de la plante que des difficultés de conservation des racines.

Plahn (134) signale l'intérêt que peut présenter pour la betterave à sucre, outre la sélection usuelle au poids et à la richesse, une sélection supplémentaire à la matière sèche, de façon à obtenir des racines moins aqueuses et proportionnellement plus compactes. Il fait remarquer à ce sujet que les betteraves lourdes à faible teneur en matière sèche, ne doivent

---

sont d'abord examinées individuellement au réfractomètre, qui donne une évaluation approximative de leur richesse et permet d'éliminer les sujets nettement trop pauvres. Ce premier travail de dégrossissement restreint notablement le nombre des analyses au saccharimètre qui cependant reste encore très élevé.

Le sondage des racines est effectué, non au foret-râpe mais au moyen de la presse Herles. Cet appareil, actionné à la main, présente l'avantage de déceler les racines fibreuses dont l'élimination est importante au point de vue industriel.

L'étude de la betterave au point de vue microscopique ne présente pas d'après Munerati un intérêt particulier. Le réfractomètre et le saccharimètre donnent des renseignements notablement plus précis. C'est aussi notre opinion.

([1]) *Congrès de Sucrerie*, Munich, 1922.

leur poids qu'à un fait accidentel, l'absorption d'eau, et qu'il ne s'agit pas pour elles d'un caractère transmissible.

Il propose donc de faire la sélection en prenant pour bases : la proportion de matière sèche, le rapport du sucre à la matière sèche et enfin le poids de la racine.

QUESTIONS ACTUELLES.

Nous étudions plus spécialement dans ce dernier paragraphe les différentes questions à l'ordre du jour au point de vue de la betterave ; nous exposerons à l'occasion de chacune d'elles les observations que nous avons pu faire nous-mêmes.

A. — Les betteraves sont-elles annuelles, bisannuelles ou vivaces ? — I. *Betteraves sauvages.* — Nous avons donné, page 5, un classement des espèces sauvages d'après leur caractère annuel, bisannuel ou vivace.

Dans nos cultures, le **Beta trigyna** Waldst. n'a produit la première année qu'une rosette de feuilles ; il est monté à graine la seconde année. Il vit plusieurs années et est bien vivace.

Nous avons dit plus haut que nous ne faisions du **Beta vulgaris** L. et du *Beta maritima* L. qu'une seule espèce linnéenne composée évidemment de nombreuses formes.

Ces **Beta** présentent toujours, sur les bords de la Méditerranée, quelques plantes montant à graine la première année et disparaissant dans l'espace d'une année solaire ; ce sont les individus signalés par Munerati.

Sur les bords de la Manche, ainsi que nous l'avons relaté page 15, nous n'avons pas trouvé de ces betteraves annuelles. Le climat plus froid ne se prête pas à l'évolution végétative complète de la plante dans l'espace d'un an.

Les autres observations de Munerati, que nous avons signalées page 83, indiquent que de nombreuses betteraves forment la première année une rosette de feuilles et grainent la deuxième année ; c'est le cas le plus fréquent que nous ayons rencontré. Enfin nous avons trouvé un nombre très considérable de betteraves vivaces.

Notre conclusion, pour les **Beta vulgaris** L. et *maritima* L. est la suivante : la plante est normalement vivace ; elle graine généralement dès la première année sur le littoral méditerranéen ; la seconde année seulement sur celui de la Manche. Un certain nombre d'individus méditerranéens meurent prématurément la première année. Le lot de *Beta maritima* L. que nous avons cultivé provenant des îles d'Hyères, montre toujours des fleurs dès la première année, mais quelquefois trop tard pour mûrir ses graines sous notre climat. Il se montre vivace et peut vivre trois ou quatre années.

II. *Betteraves cultivées.* — De nombreuses betteraves sauvages produisent la première année une rosette de feuilles, et une racine plus ou moins charnue. L'homme a utilisé du mieux qu'il a pu cette caractéristique de la plante. Il a choisi les types bisannuels à grosse racine et les a perfectionnés ; mais, bien qu'il soit arrivé à obtenir des variétés culturales assez bien fixées, il arrive encore trop souvent qu'une proportion considérable des betteraves cultivées monte subitement à graine dès la première année. Ce cas s'est produit notamment en 1922 : des betteraves sucrières, provenant de graines récoltées dans un pays méridional et ensemencées dans le nord de la France et la région de Paris, ont donné de 5 à 10 pour 100 et quelquefois 25 pour 100 de betteraves montées.

Les betteraves peuvent monter d'ailleurs dès la première année suivant la nature du terrain et les engrais. Ceci a été démontré par Munerati [1] : Il a trouvé dans un terrain fertile à fumure organique et minérale complète, jusqu'à 55 pour 100 de betteraves montées.

Shaw (169) a fait une étude des effets du climat sur la production de graines de betterave. Une nutrition et une humidité abondantes, jointes à des températures élevées, favorisent le développement végétatif, tandis que des conditions inverses favorisent la formation des organes de reproduction.

Il est nécessaire, dit-il, que la plante en train d'évoluer vers la grenaison ait une période de croissance ralentie au début de sa végétation. Une plante exposée à une chaleur brusque donne peu de graines. D'autre part, une période d'arrêt complet de végétation en hiver n'est pas nécessaire pour le développement dans le sens reproductif. Shaw explique, par des facteurs climatériques, beaucoup de cas de montée à graine prématurés ou très tardifs.

Munerati a montré dans un travail spécial [2] qu'il y a des individus annuels dont les descendants accusent en grande majorité la tendance à monter à graine ; tandis qu'il y a au contraire des individus montés à graine dès la première année dont les descendants, mis en culture dans des conditions identiques aux précédents, donnent en presque totalité des plantes du type bisannuel.

Dans le premier cas, on a affaire à des plantes réellement annuelles ; dans le second, à des plantes montées à graine anormalement par suite d'un arrêt de végétation.

Les betteraves provenant de parents ayant eu un court cycle végétatif

---

[1] *La natura del terreno e la concimazione quali determinanti la tendenza della barbabietola a salire in seme il primo anno* (*Le stazioni Sperimentale Agrarie italiane*, Modène, 1917).

[2] *Sul comportamento dei discendenti delle barbabietole che salgono a seme il primo anno* (*Le stazioni Sperimentale Agrarie italiane*, Modène, 1917).

montent à graine dans une plus forte proportion que celles provenant de parents n'ayant, par exemple, grainé que la troisième année.

Munerati conclut que, s'il est possible d'exalter ou d'atténuer la tendance des types vers l'annualité ou la bisannualité par rapport aux circonstances et au milieu, il n'est pas possible de fixer d'une façon stable et absolue ces mêmes caractères dans les betteraves cultivées. Il nous écrivait en mai 1922 : « Les betteraves sont parmi les espèces (races) que de Vries a définies « infixables » pour lesquelles la sélection continuée ne purifie pas les races bisannuelles de la tendance à donner des sujets qui montent à graine la première année, ni les races annuelles de la tendance à donner des bisannuelles. »

Nous ajouterions que l'arrêt de végétation est universellement considéré dans les milieux agricoles comme provoquant la montée à graine. Une pluie froide, la neige, la gelée, la sécheresse peuvent amener la montée d'une proportion plus ou moins considérable de betteraves, même dans la race la mieux fixée.

Le caractère de plante montant à graine la première année est donc bien héréditaire, mais de nature complexe et très fortement influençable par les conditions de milieu. Nous avons pu isoler, par autofécondation, des lignées présentant une très forte proportion d'individus annuels et d'autres en étant complètement dépourvus. Nous n'avons pu cependant déterminer clairement si le caractère était dominant ou récessif. Munerati le considère comme dominant.

Pour Philippe de Vilmorin, c'était un caractère récessif; il écrivait à M. Munerati en 1914 :

« Au sujet de la montée à graine la première année, les expériences faites à Verrières sont déjà anciennes et nous n'avons rien publié à leur sujet.

» J'ai retrouvé seulement les chiffres d'une expérience faite en 1903 : Sur 60 plantes obtenues de graines provenant d'une betterave de première année, toutes ont monté à graines l'année du semis.

» Notre opinion est que le caractère est de nature nettement « récessive » et que, si l'on n'obtient pas 100 pour 100 de plantes montées la première année, cela est dû à ce que l'apparition de ce caractère est facilement influencée par les conditions extérieures.

» Nous avons fait également des expériences analogues sur des choux, carottes, *Anthriscus sylvestris* et les résultats ont été identiques ».

D'autre part, Philippe de Vilmorin disait (*Bulletin de l'Association des Chimistes de Sucrerie*, 1908, p. 227) : « Si l'on sème des graines de betteraves montées, on a 95 pour 100 de betteraves montantes. »

Voici quelques chiffres relevés à Verrières :

N° 315 (1914). — Une racine colorée, sortie d'une betterave de distillerie (plante ayant monté la première année, et notée comme ayant assez bien grainé sous tente la *seconde*). On a semé les graines récoltées la seconde année et l'on a obtenu : 144 plantes montées sur 144.

N° 15 534 (1903). — Un autre essai, provenant de graines récoltées la première année, a donné ceci : 60 plantes montées sur 60.

Par contre les résultats des expériences suivantes tendraient plutôt à indiquer la dominance du caractère :

N° 5234 (1921) (Betterave à sucre, graines de première année). — 49 montées, 35 non montées.

N° 5235 (1921) (Betterave à sucre, graines de première année). — 48 montées, 33 non montées.

N° 5236 (1921) (Betterave à sucre, graines de première année). — 66 montées, 33 non montées.

N° 5238 (1921) (Betterave à sucre, graines de première année). — 6 montées, 7 non montées.

Nous avons étudié à ce même point de vue une lignée de betterave à sucre (que nous avions appelée *lignée* C) et qui, excellente comme poids et richesse, présentait le défaut d'avoir toujours quelques plantes montant la première année.

Cette lignée nous avait donné en effet (semis du 1er mai) :

En 1920, d'une part, 2 montées sur environ 130; de l'autre, 2 montées sur environ 60;

En 1921, d'une part, 7 montées sur environ 130; de l'autre, 2 montées sur environ 60.

En 1922, pas de montées.

Cette lignée a été croisée avec deux autres lignées de sucrières; dans un cas, elle a donné : 3 montées sur 130 en 1920; 6 montées sur 130 en 1921, et pas de montées en 1922; dans l'autre cas, elle n'a donné, en 1920, 1921 et 1922, aucune plante montée.

Pour vérifier, dans l'hypothèse où le caractère « montée » la première année serait dominant, s'il serait possible en semant de très bonne heure, de développer ce caractère et de pouvoir séparer ainsi les dominants impurs des récessifs et épurer la race, nous avons semé, en 1921, cette lignée C dès le 15 mars. Nous avons obtenu (semis du 15 mars), 1 montée sur 67 plantes et (semis du 1er avril) 2 montées sur 145 plantes.

Le caractère n'a donc pas été développé par le semis précoce comme on aurait pu s'y attendre

En ce qui concerne la présence de tissu ligneux dans la racine, on a dit que les betteraves ligneuses montaient plus facilement à graine; mais, comme l'a démontré Munerati, si, parmi les betteraves annuelles, les individus ligneux dominent, on trouve aussi fréquemment des racines non ligneuses.

On peut rapprocher la question des plantes annuelles, bisannuelles ou vivaces des observations faites récemment par Vavilov sur les céréales d'hiver et de printemps et l'on peut tirer les mêmes conclusions que lui : l'homme n'a pas changé la nature des plantes, mais parmi un mélange complexe de plantes à cycle vital plus ou moins long, des types bisannuels ou vivaces ont été fixés.

M. Gaillot (52) cultive dans le sud-ouest de la France (Orthez) des betteraves à graine qui produisent parfois une deuxième et même une troisième récolte de graines, la plante vivant ainsi trois et même quatre années (*fig. 92.* page 79). Cette pratique, dit M. Gaillot, n'a qu'un intérêt relatif au point de vue culture ; les soins d'entretien de la plantation la troisième année étant onéreux. Ceci nous indique la tendance de la plante à se montrer vivace sous un climat doux et maritime.

B. — **Coloration des betteraves**. — La coloration des betteraves a été étudiée au double point de vue chimique et mendélien.

Au point de vue chimique, nous sommes en présence de pigments anthocyaniques dont l'étude a été faite par Andrews, Miss Wheldale (215), Willstætter (216 et suiv.), Combes (32), Kozlowski (85), Kerner, Stahl, Jonesco (77) et différents autres auteurs.

Bien que généralement situés dans les organes aériens et dans les tissus superficiels, ces pigments se rencontrent aussi chez la betterave dans les tissus profonds des racines. Ils sont dissous dans le suc cellulaire. Sous l'action des acides et des alcalis, ils subissent des virages de teinte qui, selon certains auteurs, expliqueraient la diversité des colorations observées chez les végétaux.

D'après Kajanus, les colorations rouges et roses seraient seules de nature anthocyanique chez la betterave. Les pigments jaunes ne devront pas être rangés dans cette catégorie (¹).

La structure chimique des anthocyanes les classe parmi les dérivés du β-phényl-benzo-γ-pyrilium. Willstætter (216 et suiv.) réserve le nom d'*anthocyanines* aux composés glucosidés et celui d'anthocyanidines aux dérivés ne contenant pas de groupement sucré dans·la molécule.

L'origine des anthocyanes chez les végétaux serait due, d'après certains, à l'oxydation de glucosides; de glucosides flavoniques, d'après

---

(¹) MM. Jonesco et Cazaubon, étudiant dans notre laboratoire l'action du sulfure de carbone sur les pétioles de betteraves à cardes jaune orangé du Chili, ont constaté l'insolubilité de ces pigments dans ce solvant, ce qui est un caractère des pigments anthocyaniques.

Miss Wheldale ([1]). Kozlowski ([2]) a reproduit le pigment rouge du **Beta vulgaris** L. par oxydation des chromogènes de la betterave blanche. D'après d'autres, c'est un phénomène de réduction qui se produirait. Willstætter, par exemple, a obtenu un pigment coloré par réduction *in vitro* de la quercitine. Combes ([3]) est arrivé à un résultat analogue en partant d'une phényl-γ-pyrone retirée des feuilles vertes d'*Ampelopsis*.

La lumière, une température élevée, un état hygrométrique faible, passent pour des conditions qui favorisent la formation des anthocyanes. Il est à noter cependant, que, puisque les betteraves en contiennent dans leurs organes souterrains, ces facteurs physiques peuvent dans une certaine mesure se suppléer mutuellement à ce point de vue.

Sur le rôle biologique de l'anthocyane, les avis sont partagés : Kerner voit dans ces pigments colorés un écran protecteur contre une trop forte insolation nuisible à la chlorophylle. Stahl les considère comme des transformateurs de l'énergie lumineuse en énergie calorifique qui serait absorbée par les végétaux. Smith à l'aide d'un appareil thermo-électrique a constaté à l'intérieur des tissus pourvus d'anthocyanes une température de 2º environ plus élevée que celle de ceux qui n'en renferment pas.

Palladine est d'avis que les anthocyanes participent aux processus chimiques des phénomènes vitaux. Telle est aussi l'opinion de Jonesco (*Recherches sur le rôle physiologique des anthocyanes*, Paris, 1922).

Nous avons remarqué, comme tous les agronomes, que, chez les betteraves sucrières, on ne voit que des traces de pigment rouge dans les pétioles à l'état jeune et sur les pousses de seconde année. Cette coloration se présente chez environ 90 pour 100 des jeunes plantules, les autres ayant des pétioles entièrement verts. Il s'agit évidemment d'un caractère que l'on n'a jamais cherché à fixer puisqu'il n'a aucun inconvénient, mais qu'il serait très facile de rendre constant puisque, dans nos lignées provenant de plantes isolées sous toile, nous avons obtenu des séries dont toutes les plantes étaient, à l'état jeune, soit à pétioles colorés, soit à pétioles verts. Munerati a obtenu le même résultat et l'absence de coloration peut être considérée comme un caractère récessif.

La coloration des germes de la betterave sucrière Vilmorin donne la proportion suivante de germes roses ([4]) et vert jaunâtre ([5]). Cette étude a été faite 8 jours après le semis :

---

[1] Miss WHELDALE, *On the formation of anthocyanin* (*Journal of Genetics*, Cambridge, 1911, I, p. 133-157).

[2] KOZLOWSKI, *C. R. Acad. Sci.*, t. CLXXIII, 1921, p. 885.

[3] COMBES, *Production expérimentale d'une anthocyane identique à celle qui se forme dans les feuilles rouges en automne en partant d'un composé extrait des feuilles vertes* (*C. R. Acad. Sc.*, t. CLVII, 1913, p. 1002).

[4] Teinte 178, ton 3 du répertoire Oberthür.

[5] Teinte 16, tons 1 et 2 du répertoire Oberthür (125).

	Vert jaunâtre.	Rose lilas de Perse.
Vilmorin A.		
Lot 17646...............................	11%	89%
Lot 17647...............................	17	83
Vilmorin B.		
Lot 17648...............................	10	90
Lot 17649...............................	8	92
Lot 17650...............................	17	83
Lot D...................................	9	91

La moyenne ressort à 88 pour 100 germes roses, 12 pour 100 germes vert jaunâtre.

Il semble que depuis quelques années il y ait une proportion plus considérable de germes roses qu'autrefois. Les chiffres d'il y a une vingtaine d'années étaient :

Germes roses...	75%
Germes vert jaunâtre..................................	25

Une proportion faible (5 à 10 pour 100 des betteraves à germination vert jaunâtre) présentent le troisième ou quatrième jour de la germination une teinte jaune pyrèthre ([1]) au bas de la tige. Elle disparaît au bout de quelques jours. Cette couleur jaune est la couleur caractéristique des germes des betteraves jaunes.

Les betteraves sucrières présentent souvent, accidentellement, des zones roses de teinte variable par suite de la piqure d'insectes ou de la morsure de larves diverses. Nous pensons, bien que nous ne puissions l'affirmer d'une façon catégorique, que ce sont seulement les plantes ayant eu des germes roses qui montrent cette coloration.

Nous avons fait quelques essais de préparation d'anthocyane sur les pétioles de betterave sauvage; mais la difficulté était de trouver un matériel assez abondant pour cette préparation qui nécessite un poids considérable de matière vivante.

Les pigments roses, observés par nous dans les betteraves sauvages, étaient toujours dans les parties aériennes ou bien dans le collet de la racine, c'est-à-dire dans des organes exposés à la lumière et non dans la racine.

I. *Coloration des betteraves sauvages.* — Lorsque nous avons été voir le professeur Munerati, il nous a déclaré n'avoir jamais trouvé en Italie de *Beta maritima* L. présentant de pigment coloré. Toutes les betteraves sauvages récoltées par lui étaient blanches. Ce fait a retenu notre atten-

---

([1]) Teinte 291, ton 1 du répertoire Oberthür.

tion d'une manière toute particulière, et, lorsque nous avons nous-mêmes recherché des betteraves sauvages sur les bords de la Manche et examiné nos plantes sauvages en champ d'expérience, nous avons observé très attentivement et noté les moindres traces de pigmentation. Nous nous sommes pris à douter très sérieusement, à notre tour, de l'origine vraiment sauvage des betteraves rouges récoltées par Proskowetz dans le voisinage immédiat d'Abbazia (où les jardins potagers devaient contenir des betteraves rouges pouvant hybrider les betteraves sauvages). Nous nous sommes aussi posé le problème de l'origine de la betterave potagère, dont la couleur rouge violacé intense dans toute la plante ne trouve pas, jusqu'à présent, son équivalent dans les betteraves sauvages.

M. Flahault nous a écrit n'avoir jamais trouvé non plus de pigment dans les racines des betteraves sauvages récoltées par lui au bord de la Méditerranée [1]. Comme ce sont des graines de ces plantes qu'il a autrefois envoyées à Schindler (graines dont la descendance a aussi servi en partie aux expériences de Proskowetz), ceci nous confirme dans notre conviction que Schindler et Proskowetz ont eu très rapidement des hybridations par vicinisme avec des betteraves cultivées. La couleur rouge est dominante dans les betteraves par rapport à la couleur blanche.

Il faudrait donc, au point de vue mendélien, trouver à l'état sauvage une betterave rouge ou contenant une grande quantité de ce pigment; à moins qu'il ne s'agisse d'un caractère complexe pouvant résulter du croisement de deux plantes incolores; tout comme les deux pois de senteur à fleur blanche de l'expérience bien connue de Bateson, donnaient par leur combinaison une plante à fleur colorée, et les deux pois à feuillage émeraude de Philippe de Vilmorin un pois à feuillage glauque. On sait qu'en pareil cas, le caractère résulte de l'action de deux éléments distincts apportés chacun par un parent différent. Voir aussi, plus loin (p. 94), l'opinion de Lindhard et Iversen Karsten.

Au point de vue chimique si nous nous rangeons à la théorie de la formation de l'anthocyane par oxydation, il est tout à fait logique d'admettre la nécessité de deux conditions pour la formation du pigment coloré : 1° la présence d'un corps oxydable, une flavone par exemple, suivant la théorie de Miss Wheldale; 2° celle d'une diastase oxydante. Il est fort possible que deux betteraves, toutes deux incolores, l'une parce qu'elle ne renferme pas le produit oxydable et l'autre parce qu'elle manque de la diastase oxydante, donneront par leur croisement une descendance où

---

[1] Au dernier moment, nous apprenons (Munerati III *bis*) qu'il existe des *Beta maritima* L. à racine colorée à Malte, sur la côte adriatique et au Portugal.

Nous recevons également des *Beta maritima* L. de l'îlot de la Gabinière, qui présentent du pigment rose sur les pétioles.

les deux conditions se trouveront réunies et qui, par suite, contiendront un pigment coloré.

Nous n'avons jamais observé, à l'état sauvage, du pigment jaune; mais, parmi les betteraves sauvages cultivées par nous, nous avons trouvé un certain nombre d'individus à tiges et à rameaux plus ou moins colorés de rose violacé. Lorsque nous avons eu apparition de feuillage rouge foncé ou de pigment jaune, les plantes ont généralement décelé, par un ensemble de caractères qui trompent difficilement des sélectionneurs, que nous étions en présence d'une hybridation accidentelle.

Les betteraves que nous avons examinées dans les localités de la Manche ont été choisies dans des régions éloignées de toute hybridation probable. Nous avons eu l'idée d'examiner comparativement aux environs de Paris une autre Chénopodiacée, le **Chenopodium album** L.

Le but de cette étude du *Chenopodium* était un parallèle à tirer au point de vue coloration entre cette plante et la betterave sauvage.

On sait que, lorsqu'il apparaît chez une plante une série de variations, les mêmes types se retrouvent presque toujours dans les genres voisins. C'est la loi dite des « séries homologues dans la variation » sur laquelle le professeur Vavilov (179) a récemment attiré l'attention.

Voici nos résultats :

	Plantes.		
	entièrement vertes.	teintées de rose ou rouge violacé.	fortement colorées.
Beta maritima [1] :			
Cherbourg (cap Lévy)........	3	93	4
Isigny....................	8	88	4
Betterave hybride (sucrière croisée par potagère [2]........	5	87	8
Chenopodium album [3] :			
Massy-Palaiseau (S.-et-O.)....	18	76	6
Antony (Seine)...............	19	64	17

Observations. — [1] Toutes les racines sont blanches. — [2] Croisement en F_2. — [3] Les plantes rouges sont plus vigoureuses.

Nous avons porté dans la colonne, plantes teintées de rose, toutes celles qui possédaient du pigment rose ou rouge violacé à l'insertion des feuilles ou des rameaux. Les plantes fortement colorées avaient la tige ou les rameaux striés de rose ou rouge violacé ou bien teintés de cette couleur. Cette teinte de l'insertion des feuilles n'avait pas échappé à Proskowetz ainsi que nous l'indiquons page 20.

Dans la dernière série d'observations faite à Antony, nous n'avons pas fait nous-mêmes l'examen des plantes; c'est un de nos collaborateurs qui y a procédé, et il se pourrait que le chiffre des sujets fortement teintés soit un peu plus élevé par suite d'une différence d'appréciation. Quoi qu'il en soit, on remarquera l'analogie existant entre les chiffres obtenus.

M. Ducellier, d'Alger, nous a écrit n'avoir jamais remarqué la coloration vraiment rouge que dans le *Beta macrocarpa* Guss. récolté en Algérie. Cette coloration s'étend à la tige et même à la racine qui est, dans certains cas, complètement rouge intérieurement. Il y a cependant, dit-il, chez le *Beta macrocarpa* Guss. (¹), des familles jaunes; il est possible d'après lui que ce soit cette espèce qui ait donné par hybridation avec le *Beta maritima* L., la betterave potagère. Il nous a envoyé des graines de *B. macrocarpa* Guss. récoltées à Perrégaux (Algérie) que nous avons semées à Verrières le 1ᵉʳ mai 1923.

Ce que dit M. Ducellier est à rapprocher de l'opinion de Wœnig (219) qui croit que la betterave potagère est d'origine nord africaine. La figure, tirée de dessins égyptiens, que donne Wœnig, représente-t-elle une betterave potagère ? Nous ne partageons pas son opinion sur ce point, mais l'indication d'origine possible est à retenir.

II. *Coloration des betteraves cultivées* (*Voy.* les planches coloriées). — L'ensemble des recherches sur la coloration des betteraves cultivées montre que les caractères de pigmentation sont généralement assez bien fixés; mais l'examen de leur transmission fait ressortir leur complexité et des études complémentaires sont nécessaires à ce point de vue; études qui devront être poursuivies avec un matériel épuré par autofécondation. Nous avons cité précédemment les expériences de Kajanus à ce point de vue.

Il faut rappeler ici, comme pour toute étude concernant la betterave, que nous avons affaire à une plante à fécondation croisée et que, si les parents ne sont pas autofécondés, ce sont toujours des hybrides. C'est la remarque par laquelle Kajanus concluait en 1917 (81).

Lindhard et Iversen Karsten (91) ont publié des recherches sur l'hérédité de la couleur rouge et jaune du genre **BETA**. Leur matériel d'étude était : Betterave rouge Eckendorf, Betterave jaune des Barres, Betterave blanche sucrière, *Beta maritima* L., *Beta Cicla* (Bette).

Il y a, disent-ils, dans chaque cas, un facteur de jaune, dont la présence est indispensable pour l'apparition d'une couleur quelconque en général. Les facteurs R (rouge) et J (jaune) réunis, donnent le rouge; J à lui seul produit, comme on vient de le dire, le jaune, tandis que R, à lui seul, ne détermine aucune couleur.

Une plante hétérozygote par rapport à J et R aura par conséquent,

---

(¹) Nous considérons le *B. macrocarpa* Guss. comme appartenant au groupe linnéen **B. Bourgael** Coss.

en F_1 la formule gamétique R*r* J*j* et donnera les descendances suivantes :

F_2 :	F_3 :
1 RR JJ rouge	*Rouge* constant.
2 RR J*j* rouge	Disjonction en 3 rouges : 1 blanc.
1 RR *jj* blanc	Blanc constant avec le facteur du rouge.
2 R*r* JJ rouge	Disjonction en 3 rouges : 1 jaune.
1 R*r* J*j* rouge	Disjonction en 9 rouges : 3 jaunes : 4 blancs.
2 R*r* *jj* blanc	Disjonction en 3 blancs avec facteur du rouge et 1 blanc sans ce facteur.
1 *rr* JJ jaune	Jaune constant.
2 *rr* J*j* jaune	Disjonction en 3 jaunes : 1 blanc.
1 *rr* *jj* blanc	Blanc constant.

D'après ces formules gamétiques, les phénomènes examinés par l'auteur trouvent une explication facile. Toutefois, dans aucun cas, le nombre des individus diversement colorés ne correspond aux rapports prévus, mais, au contraire, il s'en écarte par des valeurs dépassant de beaucoup l'erreur moyenne probable.

Les auteurs expliquent ce fait au moyen de l'hypothèse d'une association des facteurs (linkage).

L'hybride R*r* J*j*, au lieu de produire les 4 gamètes R*j*, RJ, *r*J, *rj*, en nombre égal, donne, pour les combinaisons R*j* et *r*J, une fréquence n fois supérieure à celle observée pour RJ et *rj* ; au lieu de

$$9 \text{ rouges} : 3 \text{ jaunes} : 4 \text{ blancs,}$$

on aura le rapport

$$2n^2 + 4n + 3 \text{ rouges} : n^2 + 2n \text{ jaunes} : n^2 + 2n + 1 \text{ blanc.}$$

Dans l'ensemble des cas étudiés, n reste compris entre 1,65 et 1,75. Il y aurait donc liaison de R avec *j* et de *r* avec J, liaison qui, toutefois, n'est pas absolue et demande la formation de RJ et de *rj* selon un pourcentage de « crossing over » égal à 36-38 pour 100.

On peut admettre le « crossing over » que les auteurs proposent comme solution.

Les betteraves rouges paraissent, en général, plus fixées, pratiquement, au point de vue coloration que les jaunes. Ces dernières n'ont pas habituellement une teinte uniforme.

Une couleur assez bien fixée cependant parmi les betteraves jaunes est la couleur jaune orangé des Bettes (*Beta chilensis* Hort. = poirée à carde du Chili). Cette même couleur se retrouve chez la Betterave Tankard. Dans des croisements accidentels de B. Tankard et de poirée verte, nous avons retrouvé des plantes identiques à la poirée à carde du Chili (¹).

Les colorations rouge, rose, ou jaune, sont généralement dominantes sur le blanc. Nous l'avons observé dans les croisements accidentels des betteraves à sucre (²).

(¹) Voici la teinte de l'épiderme d'une certain nombre de betteraves (*voir* planche coloriée) :

Tankard, rouge pêche III (n° 98 du répertoire Oberthür) (125).

Vauriac, terre cuite III (n° 331 du répertoire Oberthür).

Eckendorf, ocre jaune III (n° 326 du répertoire Oberthür).

Géante rouge, solférino IV (n° 157 du répertoire Oberthür).

Géante rose, fonds du coloris rose malvacé I avec des parties plus accentuées, lilas de Perse II (n⁰ˢ 153 et 178 du répertoire Oberthür).

Crapaudine, suie I (n° 305 du répertoire Oberthür).

Rouge grosse, gris noir; ton intermédiaire entre suie (n° 305 répertoire Oberthür) et noir raisin (n° 346 répertoire Oberthür).

Rouge vermillon, Amarante 11 (n° 168 du répertoire Oberthür).

(²) Voici un relevé d'observations faites à Verrières sur la descendance de différents croisements accidentels au point de vue des caractères de coloration; dans beaucoup de cas, les chiffres obtenus s'éloignent sensiblement des proportions mendéliennes 3 : 1 et 9 : 3 : 4, comme l'ont constaté Lindhard et Iversen Karsten.

127/12 (racine jaune sortie d'une B. sucrière) donne 114 racines jaunes, 74 racines blanches.

131/12 (racine rouge sortie d'une B. sucrière) donne 87 racines rouges, 23 racines jaunes, 59 racines blanches.

132/12 (racine rouge ronde sortie d'une B. sucrière) donne 20 racines rouges, 8 racines jaunes, 8 racines blanches.

133/12 (racine jaune pâle sortie d'une B. sucrière) donne 18 racines jaune pâle, 8 racines blanches.

134/12 (racine rouge à chair blanche sortie d'une B. de distillerie) donne au point de vue chair : 99 racines à chair colorée, 126 à chair blanche; au point de vue pétioles : 156 pétioles colorés, 60 pétioles verts; au point de vue racines : 95 racines roses ou rouges à pétioles colorés, 55 racines blanches (dont 4 à pétioles colorés), 9 racines jaunes à pétioles verts.

140/12 (racine rose sortie d'une B. sucrière) donne 78 racines roses, 28 racines blanches.

149/12 (racine jaune sortie d'une B. potagère) donne 9 racines jaune foncé, 2 racines jaune pâle.

150/12 (racine rouge sortie d'une B. fourragère) donne 13 racines rouges, 7 racines jaunes, 2 racines blanches.

151/12 (racine rouge sortie d'une B. Tankard) donne 13 racines rouges, 6 racines jaunes, 5 racines blanches.

152/12 (racine jaune sortie d'une B. fourragère) donne 18 racines jaune foncé, 9 racines jaune pâle.

305/13 (racine rouge sortie d'une B. potagère) donne 19 racines rouges, 55 racines blanches.

306/13 (racine rouge sortie d'une B. potagère) donne 193 racines rouges, 66 racines blanches.

307/13 (racine rouge sortie d'une B. potagère) donne 25 racines rouges, 8 racines blanches.

308/13 (racine rouge sortie d'une B. potagère) donne 175 racines à chair rouge non zonée, 30 à chair rouge zonée.

310/13 (racine rose sortie d'une B. fourragère) donne 250 racines roses ou rouges, 75 racines jaunes et 128 racines blanches.

315/13 (racine rose sortie d'une B. de distillerie) donne 202 racines roses ou rouges, 52 racines jaunes.

317/13 (racine rose sortie d'une B. de distillerie) donne 73 racines rouges, 15 racines jaunes, 3 racines blanches.

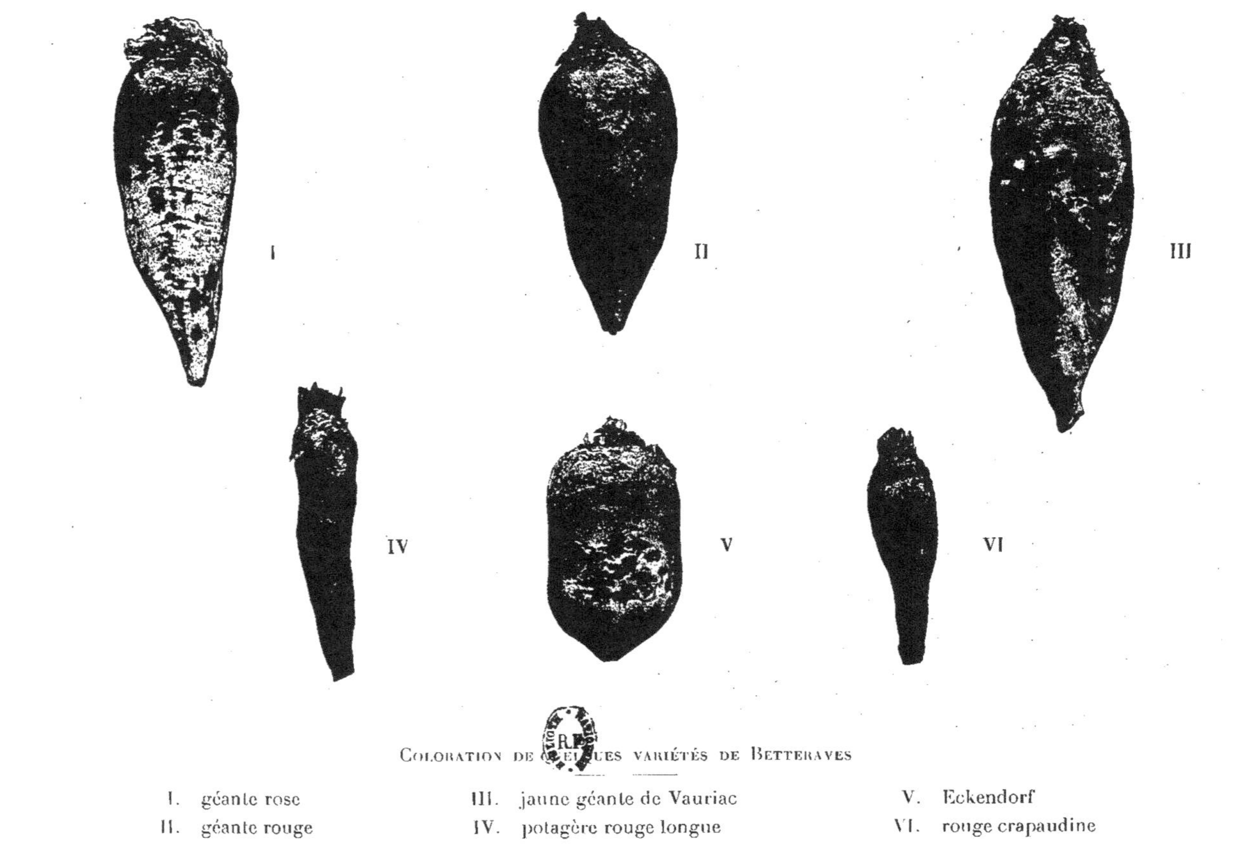

COLORATION DE QUELQUES VARIÉTÉS DE BETTERAVES

I.   géante rose
II. géante rouge
III. jaune géante de Vauriac
IV. potagère rouge longue
V.   Eckendorf
VI. rouge crapaudine

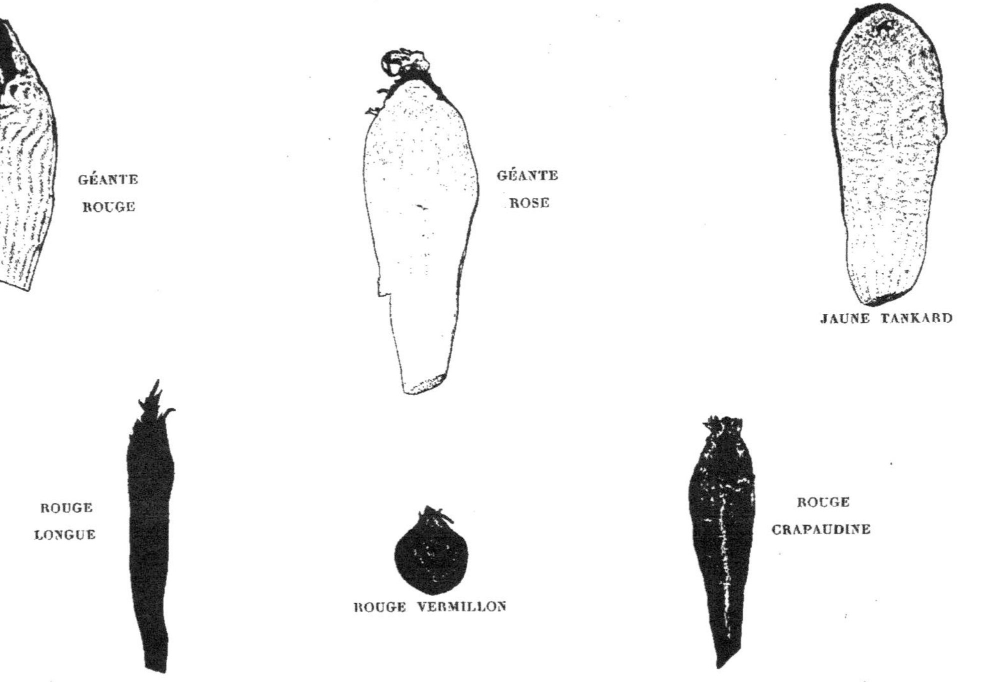

BETTERAVES

DIVERSES COLORATIONS DE CHAIRS

Nous avons observé chez la betterave Tankard la présence sur l'épiderme de zones plus ou moins colorées. Pareille chose s'est trouvée dans une lignée de betteraves rouge demi-sucrière isolée sous toile.

La chair des betteraves est souvent diversement zonée; chez certaines variétés on ne s'est pas attaché à fixer une coloration uniforme à ce point de vue. Quelques races ont l'épiderme coloré et la chair toujours blanche (1).

328/13 (racine rouge sortie d'une B. sucrière) donne 357 racines roses ou rouges, 20 racines jaunes, 105 racines blanches.

301/14 (racine rouge à chair blanche sortie d'une potagère) donne au point de vue racines : 85 racines roses ou rouges, 48 racines blanches; et au point de vue pétioles : 88 pétioles colorés, 45 pétioles verts.

303/14 (racine rouge sortie d'une B. potagère) donne au point de vue racines : 91 racines rouges et feuilles rouges, 8 racines jaunes et feuillage vert; et au point de vue des jeunes tigelles à la germination , 142 à tigelles rouges et 24 à tigelles jaunes.

304/14 (racine rouge, chair très rouge, sortie d'une B. potagère) donne 123 racines à chair rouge, 19 à chair plus ou moins zonée et, au point de vue de la coloration du feuillage (à l'état jeune) : 37 à feuillage rouge, 76 à feuillage intermédiaire et 20 à feuillage simplement bronzé.

306/14 (racine rose, chair zonée de blanc sortie d'une B. potagère) donne 20 racines roses ou rouges à chair blanche ou plus ou moins zonée et 6 racines blanches à chair blanche.

309/14 (racine rouge à feuillage bronzé sortie d'une B. potagère) donne 31 racines jaune pâle et 77 racines blanches.

311/14 (racine rouge sortie d'une B. sucrière) donne 76 racines roses ou rouges, 24 racines jaunes, 44 racines blanches.

314/14 (racine jaune pâle sortie d'une B. sucrière) donne 73 racines jaunes, 35 racines blanches.

315/14 (racine rouge chair colorée sortie d'une B. de distillerie) donne 100 à racines rouges et feuillage rouge, 35 à racines blanches, 2 à racine blanche et pétiole rouge, 7 à racines jaune pâle (dans les racines rouges, la chair étant zonée).

320/14 (racine jaune foncé sortie d'une B. potagère) donne 48 à racines jaunes, 2 à racines rouges.

323/14 (racine rouge sortie de B. Tankard) donne 57 racines rouges, chair jaune, coloris spécial de Tankard et 22 à racines jaunes, chair jaunâtre, n'ayant plus ce coloris spécial.

324/14 (racine rouge sortie de B. Tankard) donne 101 racines rouges, 28 racines blanches.

327/14 (racine jaune pâle sortie de B. sucrière) donne 40 racines jaune pâle, 70 racines blanches.

328/14 (racine jaune pâle sortie de B. sucrière) donne 37 racines jaune pâle, 28 racines blanches.

329/14 (racine rouge sortie d'une B. sucrière) donne 62 racines roses ou rouges, 36 racines jaunes et 35 racines blanches.

330/14 (racine rouge sortie d'une B. sucrière) donne 76 racines roses ou rouges, 33 racines jaunes et 34 racines blanches.

331/14 (racine rouge sortie d'une B. sucrière) donne 14 racines roses ou rouges, 6 racines jaunes et 10 racines blanches.

(1) Nous avons retrouvé dans les cahiers de culture de Verrières de 1819 la mention suivante : Betterave jaune (essais nos 680 et 681). « Il y a, dans ces deux lots, des racines de deux couleurs : les unes sont à peau jaune rougeâtre et à chair jaune; les autres à peau jaune et à chair presque blanche. »

Voici la couleur de chair d'un certain nombre de betteraves typiques (*voir* planche en couleur) :

Betterave GÉANTE ROSE : chair blanche.

Betterave GÉANTE ROUGE : faibles zones de magenta II. Teinte 182, ton 2 du répertoire Oberthür.

C. — **Anomalies diverses observées dans nos cultures**. — La plupart des anomalies et monstruosités signalées chez la betterave par les différents auteurs, Penzig (132), notamment, ont été rencontrées à Verrières; ceci par suite du nombre considérable d'individus cultivés, soit isolément, soit groupés par famille. Nous citerons simplement les cas les plus remarquables.

Dans des descendances de betteraves à sucre, nous avons fréquemment rencontré des racines se rapprochant de celles de la betterave crapaudine par leur épiderme grisâtre et rugueux. Ce caractère s'est généralement comporté dans nos expériences comme *récessif* ainsi que nous l'avons dit plus haut, sauf dans un cas, peut être douteux, où une betterave rouge crapaudine cependant soigneusement isolée, nous a donné (année 1911) une descendance de quatre plantes dont deux à racines lisses (¹).

Nous avons eu un sujet isolé sous toile (B. sucrière) qui, au lieu de nous donner des inflorescences normales, n'a produit en deuxième année de végétation (l'année de la montée à graine) que des rosettes de feuilles. L'année suivante (troisième année de végétation) il a reproduit le même phénomène, mais avec l'apparition de quelques fleurs fertiles. Ce cas a été signalé par différents auteurs, mais nous ne l'avons constaté nous-mêmes qu'une seule fois.

Nous avons eu une betterave à feuillage extraordinairement frisé. Nous en donnons la photographie (*fig.* 93, page 79). Nous avions examiné les faisceaux fibro-vasculaires de la feuille, pensant les trouver désaxés mais ils étaient normaux.

Il nous a été envoyé une betterave de très grande taille à collet très allongé et déformé (*fig.* 94, page 79). Ce collet a été étudié; mais, ni au point de vue faisceaux ni au point de vue sucres, il n'a rien présenté d'anormal.

Une betterave fourragère porte-graine, plantée il y a deux ans à Verrières pour grainer isolément, a produit uniquement des rameaux virescents (planche V); toutes les fleurs étant transformées en petites écailles stériles. La plante a continué à végéter régulièrement, donnant constamment de nouveaux rameaux et la végétation n'a été arrêtée que par les froids. Rentrée en serre, elle a pu être multipliée de boutures et a continué

Betterave TANKARD : zoné de jaune d'œuf III. Teinte 24, ton 3 du répertoire Oberthür.
Betterave CRAPAUDINE : violet iris III. Teinte 174, ton 3 du répertoire Oberthür.

Betterave ROUGE GROSSE : intermédiaire entre rouge sang de bœuf. Teinte 94, ton 4 du répertoire Oberthür et violet prune, teinte 172, ton 3 du répertoire Oberthür.

Betterave ROUGE VERMILLON (coupe fraîche): rouge cramoisi. Teinte 114 du répertoire Oberthür, devenant vite rouge sang de bœuf teinte 94, ton 4 du répertoire Oberthür.

(¹) Voici les résultats de deux descendances de Betteraves à épiderme de crapaudine qui semblent indiquer la nature récessive du caractère : nº 301/13 (B. rouge genre crapaudine) donne tout, soit 305 plantes à épiderme de crapaudine, nº 302/13 (B. à racine rouge lisse de même origine que la précédente) donne 180 à racines lisses, 54 à racines rugueuses.

à donner, l'an dernier, des rameaux virescents en abondance sans jamais apparition d'une seule fleur. On continue donc à la propager de boutures et la plante est devenue, par suite, vivace.

Une plante à racine rouge lisse, sortie d'une betterave crapaudine, nous a donné en 1913 toute une descendance (234 plantes) dont les feuilles portaient, sur le limbe, de curieuses excroissances cornues. Les plantes conservées et isolées sous toile, n'ont malheureusement pas donné de graines.

Nous avons, en outre, fréquemment constaté l'apparition de plantes à inflorescences fasciées, anomalie extrêmement fréquente chez la betterave, ainsi que celle, pas très rare, de plantes à feuillage panaché. Dans ce dernier cas, ces plantes à feuilles panachées, peu vigoureuses, ont régulièrement péri sous toile, et nous n'avons pu étudier la descendance du caractère.

On constate très souvent chez les racines de betteraves la présence de tumeurs plus ou moins développées au voisinage du collet. Chez certaines lignées la tendance à l'anomalie nous a paru héréditaire. Bien qu'il y ait là évidemment une infection d'origine bactérienne, nous avons constaté chez certaines lignées autofécondées une tendance plus grande que chez d'autres à présenter de ces excroissances. Nous avons analysé le contenu de ces tumeurs et avons toujours trouvé un chiffre de polarisation sensiblement moins élevé que dans le reste de la racine.

Enfin la plus curieuse anomalie a été celle des glomérules déhiscents laissant échapper des graines nues. On sait que la question de l'obtention d'une betterave monogerme préoccupe beaucoup les agronomes, en ce qu'elle éviterait l'opération culturale onéreuse dite du « démariage » qui consiste à ne laisser qu'une seule plante à l'écartement choisi. En Amérique, Townsend (174) s'est occupé avec beaucoup d'opiniâtreté de ce problème, mais sans succès jusqu'à présent.

Nous avions conçu de grands espoirs en trouvant toute la fructification d'une betterave mère (descendance de betterave de distillerie isolée sous toile), composée de glomérules peu consistants, déhiscents et laissant échapper la graine nue. Malheureusement la descendance de cette plante n'a pas été vigoureuse et n'a pas reproduit ce caractère. Néanmoins il pourrait se retrouver quelque jour dans le champ d'expérience d'un sélectionneur et l'on peut imaginer que ce caractère puisse être transmis par voie d'hybridation et par fixation héréditaire chez les autres variétés cultivées.

D. — **Pratique d'une sélection moderne.** — Au cours des différents chapitres nous avons pris position très nette en faveur de la sélection individuelle. C'est pour nous une tradition ; c'est aussi une opinion raisonnée.

La sélection « en masse » consiste à choisir les racines les plus grosses et les plus riches et à les faire grainer ensemble. Nous avons remarqué plus haut (p. 74) que les éliminations successives et répétées des betteraves inférieures ont fait progresser la sélection dans le passé parce que cette pratique était complétée par le choix des individus les meilleurs dont on récoltait les graines à part. Dans la mesure où l'on avait la chance de tomber sur de bonnes combinaisons héréditaires, il y avait amélioration. Il n'en est pas de même avec la sélection « en masse »; l'amélioration ne se poursuit pas à cause de l'interfécondation générale des individus les plus hétérogènes; la variété reste stationnaire au point de vue de ses différentes qualités.

La séparation des divers biotypes est évidemment plus facile chez les plantes autofécondées comme le blé, ou chez celles que l'on multiplie asexuellement.

On connaît l'expérience typique de sélection en masse de Muncrati (110). 30 000 racines de betteraves ont été choisies sur plusieurs centaines de mille dans un même champ; il n'a gardé que 10 pour 100 de ces 30 000, soit 3000. Il a éliminé enfin 2100 sur ces 3000 et n'a gardé finalement que 900 racines. Ces racines de surchoix comparées dans leur descendance avec un lot de racines ordinaires non choisies ne se sont pas montrées supérieures.

Les sélectionneurs «en masse» essaient toujours de reproduire des betteraves provenant d'une maison réputée. Ils ont donc une graine originelle provenant d'une sélection généalogique et la variété continue un temps plus ou moins long à se maintenir, mais cet équilibre peut être parfois instable. La sélection « en masse » est aujourd'hui condamnée.

Un certain nombre de sélectionneurs professent la plus grande aversion contre la sélection individuelle par l'isolement. Frappés par le fait de la diminution de vigueur des descendances des plantes isolées, ils n'admettent pas le procédé. Certains d'entre eux ont essayé des isoloirs en gaze. Leurs betteraves à sucre ont été hybridées à travers l'isoloir et ont produit des descendances de toutes couleurs. Ils vont jusqu'à prononcer le mot de dégénérescence à ce sujet, alors qu'il n'y a que du vicinisme.

Qu'on nous permette de répéter ce que nous avons dit page 78 : ces isoloirs de gaze sont illusoires.

Quant à l'isolement à l'air libre il est très risqué; le pollen est porté par l'air et les insectes à de telles distances qu'il est des plus difficile d'assurer par ce moyen une stricte autofécondation et de pouvoir tabler sur les résultats.

Certains sélectionneurs, tout en ayant recours à la sélection individuelle, y ajoutent la multiplication par voie de bouture et de greffe des sujets les plus remarquables.

Nous en avons parlé dans une publication en 1917 (210).

La multiplication asexuée, divisions en 8 ou 10 fragments, de la racine, greffage et bouturage des pousses, a été préconisée en France, il y a une trentaine d'années, par MM. Gorain et Hélot (71 et suiv.).

Il faut observer que cette multiplication asexuée ne peut offrir d'intérêt qu'à la deuxième ou troisième génération. En effet rien ne sert à la première génération d'augmenter par ce procédé le produit en graine d'une betterave, attendu qu'on ignore à ce stade si les qualités de la mère se fixeront dans sa descendance, et, lorsqu'on possède des renseignements à ce point de vue, on a généralement une quantité de graine suffisante pour qu'il ne soit pas nécessaire de recourir à la multiplication asexuée.

Ce mode de multiplication est, cependant, encore employé dans différentes maisons de sélection étrangères.

Hagedoorn, dans son récent ouvrage (67) : *The relative value of the processes causing evolution* (La Haye, 1921), a pu observer dans les cultures de la Maison Kuhn à Naarden (Hollande) la remarquable homogénéité des plantes de betteraves provenant d'une même racine multipliée asexuellement et en conclut avec raison, que les différences considérables observées entre les diverses plantes de betteraves cultivées côte à côte étaient d'ordre génétique, puisque, lorsqu'elles sont multipliées asexuellement, et que, par suite, seules les différences dues au milieu entrent en jeu, elles sont remarquablement semblables.

Nous avons observé le même fait dans nos expériences de multiplication asexuée. Cependant un fait, non signalé par Hagedoorn, a été remarqué ; c'est que, dans les plantes divisées ou propagées de boutures ou de greffes, il y en a toujours un certain nombre qui ne montent pas la première année (¹).

Au sujet de ces betteraves qui ne montent pas à graine, comme il s'agit, dans ce cas, de plantes provenant d'un même individu, on voit l'influence prépondérante des conditions de milieu (réserve faite pour des variations de bourgeons, toujours possibles avec un matériel aussi hybride que la betterave).

La pratique de la greffe permet de conserver des fragments d'un sujet très intéressant pendant plusieurs années, parce qu'on peut prélever à l'automne sur des sujets ayant monté à graines des petites greffes qui monteront l'année suivante.

La sélection pratiquée à Verrières a pour base l'étude des caractères individuels des betteraves autofécondées. Sans entrer dans tous les détails techniques, voici en quoi elle consiste :

(¹) Dans une de nos expériences sur 107 divisions, 85 ont monté, 3 n'ont pas monté et 19 ont péri. La proportion des non montées était encore plus élevée parmi les boutures et les greffes, mais les chiffres n'ont pas été relevés

Elle se divise en trois parties :

1º Obtention de têtes de famille ou « premiers choix » ;
2º Obtention et sélection des élites ;
3º Obtention de la graine commerciale.

1º *Obtention et sélection des premiers choix.* — 50 000 à 60 000 betteraves environ sont choisies dans des champs d'expériences et sondées au laboratoire chaque année. La sélection « en masse » nécessiterait évidemment un nombre de racines beaucoup plus élevé. Ces betteraves viennent soit de deux champs ensemencés avec des graines d'élite, et situés l'un dans l'Oise, l'autre chez un grand cultivateur de Seine-et-Oise, soit de nos champs d'expériences de Verrières et Massy-Palaiseau qui couvrent trois hectares et renferment des centaines de lots divers.

La richesse en sucre et le poids de ces betteraves sont relevés sur des registres. L'origine de ces racines est toujours connue et inscrite sur le livre de culture qui renferme toutes les indications prises au cours de la végétation.

Au point de vue héréditaire, ces betteraves proviennent, ou bien de reproduction de « premiers choix » antérieurs ([1]), ou bien des betteraves à l'étude (lots *pédigree* cultivés isolément ou non) qui nous paraissent présenter un intérêt pour une raison ou pour une autre. Les racines les meilleures au point de vue forme, poids et richesse sont examinées une à une, sondées une seconde fois, analysées pour contrôle et rangées définitivement dans la catégorie « premiers choix ».

Ce ne sont pas forcément les betteraves les plus riches qui sont choisies ; elles ne transmettent pas nécessairement leur richesse à leur descendance ; on constate en effet des écarts considérables, même entre descendances de betteraves autofécondées cultivées dans le meilleur champ d'expérience, le plus homogène au point de vue sol et culture ; l'accumulation d'une grande quantité de sucre dans une betterave peut être le résultat d'un ensemble de chances heureuses, et n'être nullement héréditaire.

Isolement des betteraves à graine. — Ces betteraves sont mises en végétation de bonne heure sous des châssis afin de grainer plus tôt. L'isoloir en toile maintient, en effet, la plante dans une atmosphère chaude, humide et sans aération ; il est donc utile de faire grainer la betterave avant la grosse chaleur de juillet-août. Les racines sont plantées dès les premiers jours de mars à leur emplacement définitif en les abritant du

---

([1]) Nous appelons ainsi les betteraves mises sous isoloir et qui servent de tête de famille.

Fig. 95. — Betterave à sucre Vilmorin (Isolement sous toile). (Voy. page 103.)

Cliché *Vie à la Campagne*. Reproduction interdite.

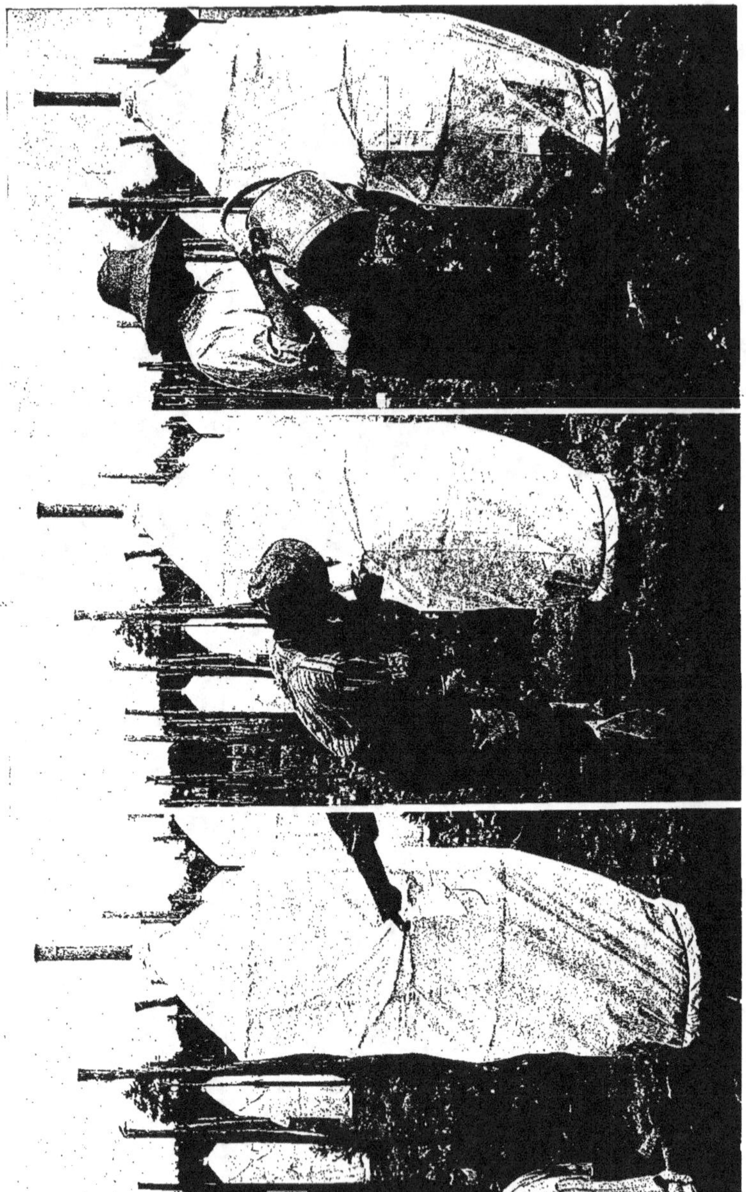

Fig. 96. — Betterave à sucre Vilmorin (isolement sous toile). (Voy. page 103.)

Fig. 97.   Fig. 98.

Betterave à sucre Vilmorin (isolement sous toile). (Voy. page 103.)

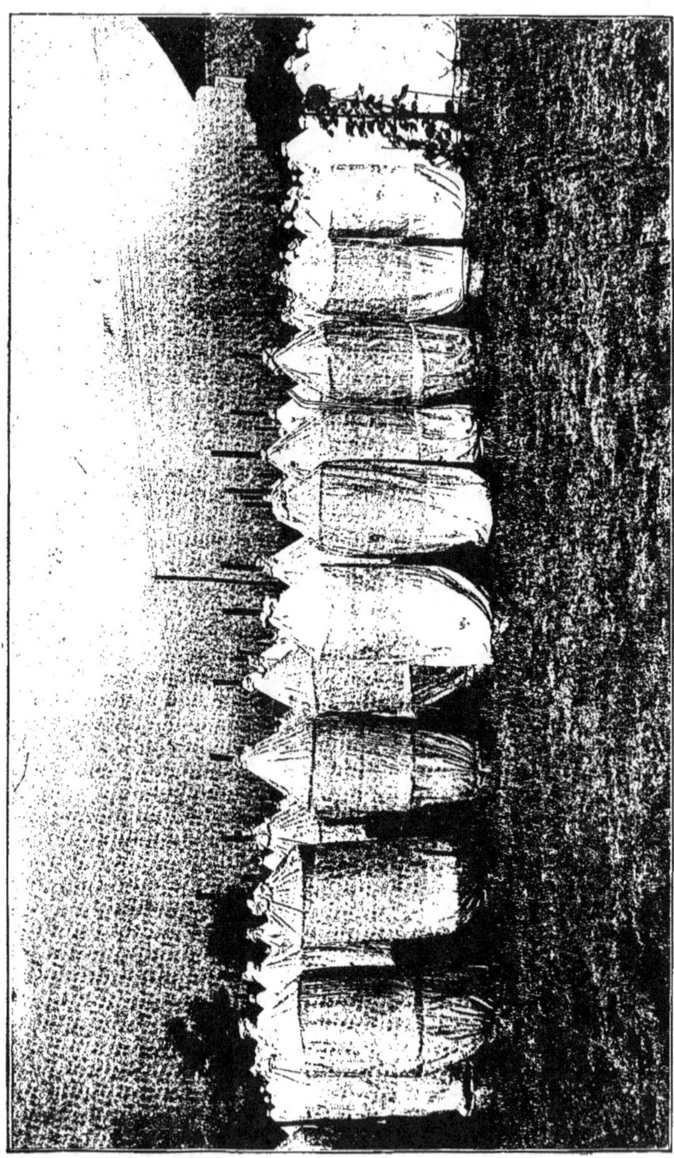

Fig. 99. — Betterave à sucre Vilmorin (isolement sous toile) (Voy. page 103).

froid si cela est nécessaire. Dès l'apparition des rameaux florifères qui sont pincés à plusieurs reprises, et avant le début de la floraison, la betterave est couverte par l'isoloir hermétique; les soins nécessaires : arrosage, passage à l'insecticide sont faits par la manche en toile prátiquée de côté.

Ces isoloirs (*fig.* 95 à 99) ont été imaginés et construits en 1908 par M. Levallois, notre chimiste. La toile qui les couvre avait été choisie suffisamment serrée pour que le pollen ne puisse la traverser. A cet effet des quantités massives de pollen avaient été récoltées et projetées contre l'une des faces de la toile, ou bien déposées dessus. La toile qui n'a pas laissé passer de pollen a été adoptée; le tissu en est sensiblement plus serré que celui qui a été employé par le professeur Munerati.

Nous avons publié (208) (*Académie d'Agriculture de France*, 14 avril 1920) (¹), la description de ces isoloirs en toile, ainsi que les résultats obtenus.

Nous donnons ci-dessous un résumé de cette communication :

« Chaque racine de betterave est entourée d'un cercle en tôle galvanisée, à demi enterré dans le sol, et sur lequel vient se fixer la toile. Le tout est maintenu par un fort pieu enfoncé au pied de la racine et supportant un bâti constitué par des cerceaux de bois servant à tendre le tissu. Les photographies que nous communiquons montreront, mieux que toute description, la disposition adoptée. Chaque plante de betterave se trouve donc ainsi dans une sorte de tente et strictement isolée de ses voisines. Une manche, que l'on peut ouvrir à volonté, permet cependant de se rendre aisément compte de ce qui se passe à l'intérieur. Pour faciliter la fécondation, on remue fréquemment le tout, en agissant sur le pieu central.

» Il est superflu de dire que les plantes ainsi enfermées se trouvent dans les plus mauvaises conditions possibles pour une fécondation normale. Nous parvenons cependant, dans beaucoup de cas, à obtenir une quantité de graines suffisante pour nous permettre de juger la pureté des racines ainsi isolées, et de propager les plus intéressantes. Il nous suffit, en effet, d'une centaine de bonnes graines pour avoir une appréciation suffisante de la descendance. Il faut cependant dire que nous avons constaté, comme les expérimentateurs anglais, l'existence d'individus autostériles.

» Voici quelques chiffres indiquant le poids des graines récoltées sur des plantes soumises à ce traitement. Nous opérons généralement sur des demi-racines, l'autre moitié grainant à l'air libre. Cette autre moitié, si elle est considérée comme de grande valeur, est isolée par la distance. C'est la « Raümlich isolierung » des Allemands.

(¹) JACQUES DE VILMORIN, *Isolement des betteraves à sucre destinées à la graine.*

Année 1917. — *Betteraves à sucre ayant grainé sous toile.*

1 demi-racine ayant donné 85 gram. de graines
1   »   72   »
1   »   25   »
1   »   12   »
2   »   10   »
3   »   8   »
2   »   6   »
2   »   5   »

Le reste avec des quantités variant depuis 5 gram. jusqu'à une stérilité complète.

Année 1918. — *Betteraves à sucre ayant grainé sous toile.*

1 demi-racine ayant donné 60 gram. de graines
1   »   50   »
1   »   42   »
2   »   25   »
1   »   22   »
5   »   20   »
1   »   18   »
1   »   17   »
2   »   15   »
1   »   13   »
1   »   12   »
8   »   10   »
1   »   8   »
1   »   7   »
5   »   5   »

Comme précédemment, le reste avec des quantités inférieures à 5 gram.

Année 1919. — *Betteraves à sucre ayant grainé sous toile.*

1 demi-racine ayant donné 60 gram. de graines
2   »   49   »
2   »   40   »
1   »   34   »
1   »   33   »
1   »   31   »
1   »   29   »
1   »   28   »
1   »   25   »
2   »   20   »
1   »   19   »
1   »   18   »
2   »   17   »
3   »   16   »
1   »   15   »
1   »   13   »
4   »   12   »
5   »   10   »
3   »   9   »
2   »   8   »
5   »   7   »
1   »   6   »
7   »   5   »   Etc.

Nota. — Le nombre de grammes de graines est donné pour chacune des demi-racines.

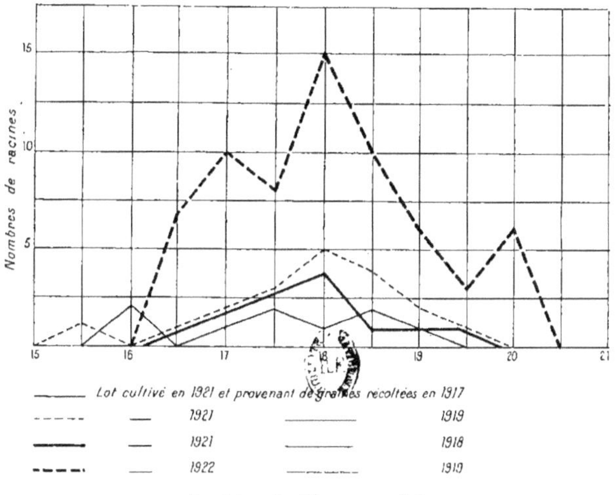

Lot cultivé en 1921 et provenant de graines récoltées en 1917
1921   1919
1921   1918
1922   1919

Graphique A. (Voy. page 106.)

Richesse en sucre de racines provenant de graines d'une même lignée
de générations différentes.

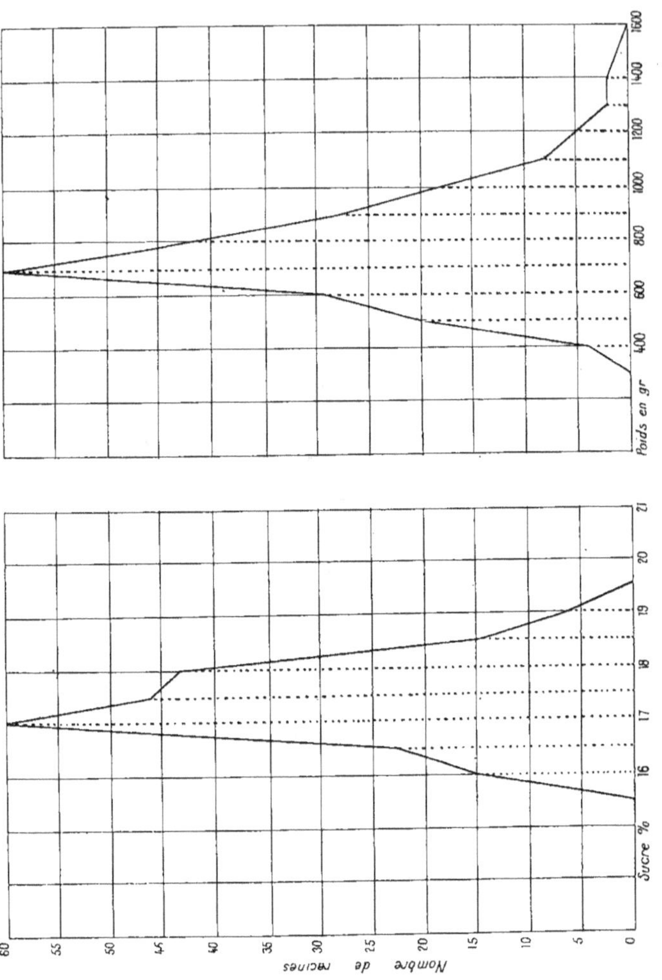

Lot 6222/22.

(Voy. page 106.)

Homogénéité de la lignée au point de vue de chacun des caractères considérés.

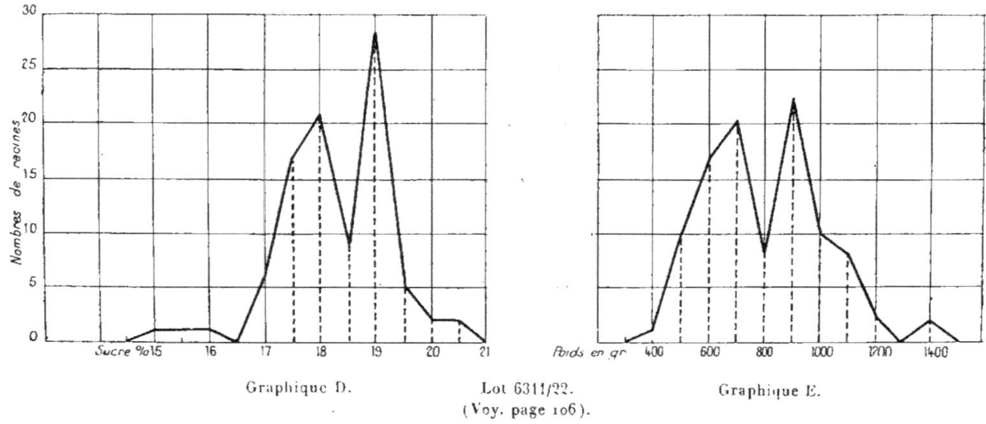

Graphique D.   Lot 6311/22.   Graphique E.
(Voy. page 106).

Hétérogénéité de la lignée au point de vue de chacun des caractères considérés.

Mode de notation permettant de représenter en un seul tableau les caractéristiques d'un lot.

Dans ces tableaux qui correspondent chacun à un lot différent, les poids sont représentés en abscisses et les richesses en ordonnées. Chaque racine est représentée en un point du plan déterminé par sa richesse et par son poids.

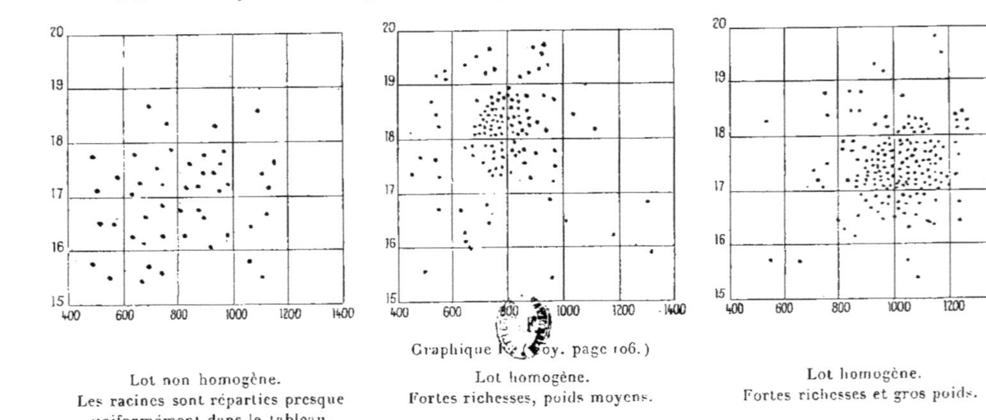

Graphique N. (Voy. page 106.)

Lot non homogène.
Les racines sont réparties presque
uniformément dans le tableau.

Lot homogène.
Fortes richesses, poids moyens.

Lot homogène.
Fortes richesses et gros poids.

« Nous pourrions donner des mêmes chiffres pour les betteraves de distillerie et fourragères que nous isolons dans les mêmes conditions et sur le même terrain, sans que l'on puisse constater dans l'ensemble des résultats différents. »

Shaw (168) considère les fleurs de betteraves comme ne pouvant se féconder elles-mêmes. Sous nos isoloirs une certaine partie des fleurs sont fécondées par le pollen des fleurs voisines; on a soin, pour obtenir ce résultat, de remuer fréquemment la tente comme nous l'avons dit, en agissant sur le pieu central.

2° Obtention et sélection des élites. — Nous citons ici, en la complétant, l'étude que nous avions faite pour la Commission du Ministère de l'Agriculture en 1918. La graine récoltée sur les « premiers choix » est semée l'année suivante dans le champ d'expérience. Cette graine est petite et la diminution de vigueur à la première génération des descendances de plantes de « premiers choix » isolées sous toile est indéniable. Les plantes mères ont été autofécondées, ce qui, pour une plante habituellement soumise à la fécondation croisée, est, comme nous l'avons déjà dit, une cause d'affaiblissement; de plus les plantes sont étiolées et privées en partie de lumière et d'air libre. E. East et D. Jones (47 et suiv.) ont fait, à propos de l'autofécondation, les constatations suivantes :

1° Réduction dans la dimension de la plante et dans la production;

2° Isolement de sous-variétés différant dans leurs caractères morphologiques et accompagnant la réduction de vigueur;

3° A mesure que ces sous-variétés deviennent plus fixes dans leurs caractères, la réduction de vigueur cesse d'être notable.

Nous reviendrons plus loin sur ces observations qui concordent avec ce que nous avons noté en champ d'expérience.

Si donc l'autofécondation permet l'étude de la transmission héréditaire de la forme et de la richesse en sucre, elle produit, d'autre part, une diminution de vigueur dans la descendance. Pour y remédier, lorsque nous avons fixé dans des « lignées » ou descendances de betteraves isolées les caractères de richesse en sucre ou autres que nous recherchons, et que nous en avons éliminé tous les caractères défectueux, nous faisons grainer ensemble deux lignées bien fixées et présentant des caractères communs et nous bénéficions ainsi de la vigueur plus grande de l'hybride par rapport à ses parents. Il est donné à ces différents lots plusieurs notes au cours de la végétation, notamment au sujet du feuillage et de la résistance aux maladies. Les racines, au moment de l'arrachage, sont examinées avec soin. S'il se trouve une proportion trop grande de plantes racineuses, à mauvais collet, ou défectueuses, le lot est naturellement éliminé.

Les lots considérés comme bons dans le champ d'expérience sont envoyés au laboratoire où se fait l'étude de la transmission des caractères.

Cette étude est faite au double point de vue du poids et de la richesse. Les descendances sont comparées aux plantes dont elles sont issues, correction faite à l'aide d'un même lot témoin cultivé les deux années considérées; la richesse et le poids sont en effet extrêmement variables d'une année à l'autre, suivant le sol et les conditions de culture. Le lot à admettre comme élite doit, naturellement, présenter un poids élevé et une richesse homogène. Il ne doit pas y avoir, par exemple, de betteraves dont les richesses s'étagent de 16 à 20 pour 100, mais un groupe compact d'individus aux environs de 18,5 à 20 pour 100, sans betteraves inférieures.

Comme constance d'une descendance nous donnons les graphiques des richesses en sucre des racines provenant de graines d'une même lignée (lignée A) de générations différentes. Bien que le nombre des individus soit très faible les courbes présentent bien la même allure (graphique A), page 104.

Il est établi, pour chaque lot, des graphiques de poids et de richesse qui permettent d'observer facilement l'homogénéité de la lignée au point de vue de chacun des caractères considérés; nous donnons ici deux courbes de lots homogènes au point de vue poids et richesse (graphiques B et C), et deux courbes de lots hétérogènes à ce même point de vue (graphiques D et E); les richesses pour 100 ou les poids sont inscrits en abscisses et le nombre des betteraves en ordonnées. Nous avons employé aussi un autre mode de notation que nous donnons (graphique F). Comme on peut le voir, la diminution de poids dans les lots de race pure est notable. Par contre, l'effet stimulant de l'hybridation est très marqué. Nous l'avons nettement observé dans notre sélection et nous employons ce procédé sur tous nos lots depuis 1919 [1]. C'est probablement une des premières applications commerciales qui ait été faites de ce phénomène qui a été appelé, comme nous l'avons dit, *heterosis*, par Shull.

Il ne faut évidemment pas faire cette hybridation au hasard et il est nécessaire d'opérer sur des lignées de betteraves relativement fixées quant aux caractères considérés. Cela oblige à conserver et à maintenir strictement pures un certain nombre de lignées particulièrement aptes à donner, à la suite de croisements, des résultats avantageux.

Les lots qui ont donné satisfaction dans toutes les épreuves sont considérés comme « lots de racines d'élite ». Ces racines sont ensilotées à part et cultivées dans les champs et les environs de Verrières. Chaque lot est planté à une grande distance du voisin afin d'éviter l'hybridation. Il est l'objet de soins particuliers : binages répétés, soins contre le puceron,

---

[1] Shull (170) expérimentant sur des maïs, autre plante à fécondation croisée, a constaté que les effets nocifs de 5 années d'autofécondation étaient compensés en une année par le résultat du croisement.

récolte de la graine en plusieurs fois, au fur et à mesure de la maturité, etc.

Il est toujours prélevé un certain nombre de plantes dans ces lots. Ces racines servent de « premiers choix » nouveaux pour la suite de la sélection. Le nombre de lots de racines d'élite admis d'emblée est extrêmement réduit ; et il faut généralement deux, et quelquefois trois générations de « premiers choix », pour obtenir un lot d'élite hors de pair.

La graine d'élite ainsi obtenue n'est pas considérée comme définitive ; il est prélevé un échantillon pour permettre de semer deux à quatre lignes dans un grand champ d'expérience où toutes les races, toutes les lignées, tous les lots sont cultivés chaque année en comparaison. Depuis plusieurs années nous avons institué de nouveaux contrôles : si les racines sont satisfaisantes comme forme, poids et richesse, elles sont, de nouveau, mises à grainer dans un champ isolé, et la graine est semée dans un dernier terrain d'expérience. Celui-ci comprend cinq ou six carrés d'un are chacun des meilleurs lots d'élite avec un nombre égal de parcelles d'un même lot témoin. Il est fait un prélèvement tous les 15 jours sur ce champ, dans chaque lot, à partir du mois d'août ; le développement de la racine et son enrichissement en sucre sont notés. Un nouveau contrôle est fait à la récolte ; les poids et richesses moyens sont calculés ainsi que la richesse moyenne par racine ; les lots qui ne présentent pas des qualités de premier ordre sont éliminés.

3° *Obtention de la graine commerciale.* — Elle se fait chez des cultivateurs qui s'engagent, par contrat, à prendre, sous la surveillance de nos inspecteurs, tous les soins de culture : ensilotage et tri des planchons, culture la deuxième année, bonne récolte de la graine, etc.

Comme pour toutes les graines commerciales, un champ d'expérience de contrôle est semé à Verrières avec un échantillon de chacun des lots de graines récoltés chez les cultivateurs. Chaque parcelle est observée pendant la végétation, et le poids et la richesse sont relevés au laboratoire en comparaison avec le lot témoin. Celui-ci est semé tous les 30 rangs, environ, et les résultats des rangs voisins lui sont comparés. Le champ d'expérience contient toujours un essai de toutes les nouvelles variétés. Des milliers d'essais ont ainsi été faits depuis l'année 1800 et l'on en possède les résultats.

Nous donnons page 108, un schéma de la reproduction de quelques « premiers choix ». Dans les cas de 1 à 1 *ter* toutes les épreuves ont été satisfaisantes ; dans le cas n° 2, la descendance a été deux fois isolée sous toile. Dans le cas n° 3 les racines W et Z ont été hybridées et une racine de leur descendance jugée intéressante a été choisie et ensuite isolée. Les hybridations avant l'isolement sous toile ne sont effectuées que dans un but déterminé ; soit pour hybrider, par exemple, une race à forte richesse avec une race à poids élevé, et pour tenter de réunir dans la descendance ces deux caractères. Cette hybridation est très différente de celle qui a lieu après l'isolement. Dans ce dernier cas, à l'inverse du premier, on ne croise que des betteraves ayant des caractères très voisins. Ceci est à rapprocher du cas des betteraves « jumelles » de Munerati [1].

SCHÉMA DE LA REPRODUCTION DE QUELQUES « PREMIERS CHOIX ».

Années.	Reproduction n° 1.	Reproduction n° 1 *bis*.	Reproduction n° 1 *ter*.
1909......	Racine de 1er choix.	»	»
1910......	Graine de 1er choix.	»	»
1911......	Racines d'élite provisoire.	»	»
	Elite définitive.	Racine de 1er choix.	»
1912......	Graine d'élite.	Graine de 1er choix.	»
1913......	Essai de la graine d'élite.	Racines d'élite provisoire.	»
	Racines satisfaisantes.	Elite définitive.	Racine de 1er choix.
1914......	Semis de la graine d'élite Planchons).	Graines d'élite.	Graine de 1er choix.
		»	»
1915......	Récolte de graine commerciale.	Essai de la graine d'élite. Racines satisfaisantes.	Racines d'élites provisoire. Elite définitive.
1916......	Vente et semis de la graine commerciale.	Semis de la graine d'élite (Planchons).	Graine d'élite.
1917......	»	Récolte de graine commerciale.	Essai de la graine d'élite.
1918......	»	Vente et semis de la graine commerciale.	Racines satisfaisantes, etc. (Comme reproduction 1 *bis* en 1916).

Années.	Reproduction n° 2.	Reproduction n° 3.
1909.....	Racines de 1er choix.	Racines d'étude W et Z.
1910.....	Graine de 1er choix.	Hybridation des racines W et Z. Graine d'étude.
1911.....	Racine de 1er choix (2e génération).	Racine de 1er choix.
1912.....	Graine de 1er choix (2e génération).	Graines de 1er choix.
1913.....	Racines d'élite provisoire. Elite définitive.	Racines d'élite provisoire. Elite définitive.
1914.....	Graine d'élite.	Graine d'élite.
1915.....	Essai de la graine d'élite. Racines satisfaisantes.	Essai de la graine d'élite. Racines satisfaisantes.
1916.....	Semis de la graine d'élite Planchons).	Semis de la graine d'élite (Planchons).
1917.....	Récolte de graine commerciale.	Récolte de graine commerciale.
1918.....	Vente et semis de la graine commerciale.	Vente et semis de la graine commerciale.

[1] *Oss. et Ric.*, p. 33.

Nous pratiquons une sélection analogue pour les betteraves fourragères, mais ici nous faisons d'abord, au saccharimètre, une détermination de la richesse en saccharose ([1]), puis une détermination de la matière sèche totale pour 100 gram. de racines. Les betteraves qui renferment le plus de saccharose et de matière sèche sont conservées comme «premiers choix». Voici quelques chiffres de 1920 et 1921 (il est à remarquer que 1921 a été une année très sèche et que la matière sèche pour 100 a été considérable).

RÉSULTATS DES LOTS DE 1920.

	Poids moyen de la racine.	Matière sèche pour 100.	Matière sèche par racine.
	kg		gr
Géante rouge, semis n° 358....	3,700	10,20	377,4
Géante rose V.B.C............	3,200	11	362
Géante rose, semis n° 349......	2,900	12	348
Géante blanche, semis n° 331..	3,100	11	341
Géante blanche, semis n° 329..	2,800	12	336

Enfin, en 1921, nous avons obtenu dans des lots sélectionnés les richesses suivantes :

	Numéro du lot.	Matière sèche par racine.
Géante blanche..........................	495	17,5
	493	17,4
	494	17,3
	496	14,8
Lot témoin non sélectionné à la richesse........	»	13,7
Géante rose..................................	516	17,1
Lot témoin non sélectionné à la richesse........	»	14,8
Géante rouge.................................	532	18,1
	530	16,3
Lot témoin non sélectionné à la richesse.........	»	15,8

---

[1] Les betteraves les plus riches en matière sèche sont aussi les plus riches en sucre; c'est aussi ce que remarque Claassen (29). Schneidewind (cité par le *Journal des Fabricants de sucre* du 16 septembre 1922 : betteraves sucrières et betteraves fourragères) déclarait en 1900 que la sélection normale des betteraves était la sélection saccharimétrique, même pour les betteraves fourragères. Pour les lots d'élites nous employons à l'heure actuelle, uniquement la sélection à la matière sèche. La teneur en matière sèche est, en effet, la première chose à considérer puisque le sucre représente environ 70 pour 100 de cette matière. Cette méthode nous permet, après avoir analysé des témoins à l'automne, de répartir notre travail sur toute la durée de la mauvaise saison. L'emploi de la presse Herles nous amène, d'autre part, à déceler et à éliminer les betteraves fibreuses, contenant par suite une plus grande quantité de cellulose.

RÉSULTATS DES PREMIERS CHOIX DE 1921.

Numéros.	Poids.	Richesse en sucre.	Matière sèche pour 100.	Matière sèche par racine.
Géante blanche				
859	2000$^{gr.}$	10,4	20,24	404$^{gr.}$
876	1700	11,2	18	306
1883	1500	11,7	19	294
1874	1400	11,3	20	290
Géante rose				
4577	1500	9	14	210
4592	1200	11,6	16	192
Géante rouge				
7016	2880	8,2	12,2	351
5579	1770	11	16,6	293

Pour les variétés de betteraves potagères, la sélection est également faite sur le même principe; mais on ne tient compte, évidemment, que des caractères extérieurs et de ceux tirés de la chair, les seuls pris en considération.

Lorsque nous avons commencé l'étude généalogique, par reproduction d'individus isolés dans la betterave fourragère, nous avons eu affaire à un matériel des plus hétérogènes; la forme était variable, la richesse en saccharose présentait de grands écarts, de même la proportion des sucres intervertis. Sur 40 lignées passées sous isoloirs 13 ont été suivies la deuxième année et sélectionnées à la forme. Les 27 autres n'avaient pas donné satisfaction pour les raisons suivantes :

<pre>
7 avaient produit des racines trop courtes,
3   »   trop longues,
3   »   à mauvais collet,
3   »   irrégulières,
3   »   de mauvaises formes,
4   »   petites et chétives,
3 avaient été supprimées pour d'autres raisons,
1 était montée avant récolte.
</pre>

Nous avons parlé plus haut des différences remarquables de structure qui existent entre les betteraves sucrières et les betteraves fourragères : les premières possèdent un petit nombre de faisceaux fibro-vasculaires séparés par de larges zones de parenchyme; les secondes montrent des faisceaux plus nombreux où les sucres sont localisés en plus grande abondance, de même qu'un parenchyme moins développé, à cellules plus petites. Ces caractères anatomiques peuvent, accessoirement, servir, dans la sélection des sucrières, pour éliminer les plantes à nombre de faisceaux insuffisants et à parenchyme trop développé.

Un caractère qui différencie assez nettement les betteraves à sucre de toutes les autres betteraves est la quantité très faible de sucre réducteur qu'elles contiennent. Comme le fait remarquer avec justesse M. l'abbé Colin, la sélection saccharimétrique pratiquée depuis plus d'un demi-siècle chez la betterave sucrière a éliminé automatiquement les racines riches en réducteurs parce que la présence de sucres réducteurs, même en faible quantité, diminue en notable proportion le chiffre de polarisation.

Sans doute, dans certaines années très sèches, 1921 par exemple, l'évolution biologique de la plante s'étant produite dans de mauvaises conditions, on a constaté une quantité assez considérable de sucres réducteurs dans la betterave à sucre; il n'en reste pas moins vrai que c'est, pour la betterave à sucre, une exception [1]. Au contraire, en année normale, les betteraves de distillerie, et surtout les betteraves fourragères, en contiennent des quantités assez fortes [2].

---

[1] M. Muncrati nous a dit qu'il considérait la présence chez la betterave à sucre de quantités très réduites de réducteurs comme une caractéristique de la race. Il a essayé sans succès d'obtenir (dans un but d'expériences seulement) des races de betteraves à sucre avec sucres réducteurs abondants.

[2] Chiffres de notre dernière campagne :

Variété.	Sucres réducteurs pour 100^{gr} :							
Vauriac	0,5	0,8	1,2	1,7	2,1	2,5	2,6	3,1
Géante blanche	0,0	0,9	1,2	1,8	2,9	3,1		
Ovoïde des Barres	0,6	0,7	1,3	1,4				
Mammouth	0,0	0,1	0,2	0,2	0,5	1,2	1,3	
Géante rose	0,1	0,1	0,2	0,3				
Jaune longue	0,4	0,4	0,4	0,4	0,7	0,6	0,7	
Tankard	0,2	0,1	0,3	0,4	0,7	1,1		
Eckendorf	0,5	0,6	0,8	0,9	1,0	1,8		

Au sujet des sucres réducteurs chez les betteraves fourragères, M. l'abbé Colin vient de faire à notre laboratoire de Verrières les intéressantes observations suivantes qu'il nous a autorisé à joindre à notre travail.

« Il s'agit de quelques racines de betteraves fourragères blanches qui, au 2 décembre 1922, ne possédaient pas encore de réducteurs en quantité appréciable.

1° Voici les doses de réducteurs en milligrammes de sucre interverti par gramme de pulpe :

Racines :	A.	B.	C.	F.	H.	I.	J.	K.	L.	M.	N.	P.
	11	6	10	6	4	7	4	3	4	6	4	7

Ces chiffres représentent un maximum, la correction qui s'impose du fait de la présence d'un grand excès de saccharose, n'ayant pas été faite. Des betteraves sucrières dosées à la même époque donneraient tout autant de réducteurs. Le sujet A est nettement plus

E. — **Commentaire au sujet de la sélection.** — L'exposé de notre méthode appelle un commentaire technique et nous oblige à citer les travaux les plus intéressants qui ont été publiés au sujet de l'hérédité dans la betterave. Le succès de la sélection peut être seulement attribué au fait qu'en opérant sur une population, on arrive, par cette sélection, à éliminer graduellement les races ou biotypes non désirés. Il y a, dans la betterave, comme dans le maïs (plante également à fécondation croisée), présence d'hybrides complexes de nombreux biotypes. La sélection consiste à les isoler et à les recombiner d'une façon avantageuse pour l'usage

---

riche en réducteurs que les autres. C'est lui qu'on éliminerait pour garder K, à supposer bien entendu que les betteraves fussent par ailleurs de même valeur.

2° Richesse au 2 décembre 1922, en milligrammes de sucre interverti total par gramme de pulpe (le sucre a été hydrolysé) :

A.	B.	C.	F.	H.	I.	J.	K.	L.	M.	N.	P.
75	60	65	65	79	83	64	73	78	86	71	71

3° État des betteraves au 29 mars (0, bien conservée; 1, un peu abîmée; 2, plus abîmée; 3, très abîmée) :

A.	B.	C.	E.	F.	G.	H.	I.	J.	K.	M.	N.	P.
2	1	1	2	0	1	3	3	1	0	0	2	1

On n'aperçoit pas de relation entre la teneur en sucre et la conservation; M et I sont deux betteraves riches : l'une a pourri, l'autre s'est conservée intacte.

4° Teneur en réducteurs au 29 mars 1923 (toujours en milligrammes de sucre interverti par gramme de pulpe) ;

A.	B.	C.	E.	F.	G.	H.	I.	J.	K.	M.	N.	P.
56	53	54	52	44	38	36	47	36	12	45	56	31

L'enrichissement en réducteurs est donc général, mais comporte des degrés; le sujet K est remarquable; c'est, par ailleurs, un individu suffisamment riche et qui s'est conservé parfaitement. A supposer que ces qualités fussent héréditaires, un tel type sélectionné ultérieurement pour la richesse en saccharose donnerait une race de betteraves d'où le réducteur serait presque complètement éliminé. A remarquer que les sujets les plus riches en réducteurs ne sont pas nécessairement ceux qui pourrissent le plus facilement.

5° Teneur en invertine :

A.	B.	C.	E.	F.	G.	H.	I.	J.	K.	M.	N.	P.
74	74	55	54	54	59	45	55	40	13	57	67	40

Ces nombres mesurent les teneurs relatives en invertine; ils montrent bien nettement que les individus riches en réducteur libre sont également les plus riches en ferment. La pulpe du sujet K, presque exempte de réducteur, est, pour ainsi dire, sans action sur une solution de saccharose.

6° Richesse totale au 29 mars 1923 (en milligrammes de sucre interverti par gramme de pulpe) :

A.	B.	C.	E.	F.	G.	H.	I.	J.	K.	M.	N.	P.
62	64	62	62	54	56	83	83	63	83	76	71	62

Le mauvais état de conservation est ici une cause d'erreur, le sondage ne pouvant plus être effectué dans les mêmes conditions que chez les sujets sains. Ici encore K se fait remarquer; la richesse s'est élevée au cours de la période de repos, ce qui est normal; la betterave perdant nécessairement de l'eau.

de l'homme. Elle n'agit pas par elle-même, mais indirectement en supprimant les types de moindre valeur. Le manque de sélection ne ferait pas retourner aux types originaires, puisque ces types n'existent plus dans la betterave actuelle. La plante primitive d'Achard était évidemment un hybride complexe. L'homme n'a pas fait autre chose qu'une analyse, en séparant les composants de cet hybride.

Au sujet de l'autofécondation H. Shaw (167) a publié un remarquable travail sur le rôle des thrips dans la fécondation des fleurs de betterave. Il a observé la présence de très nombreux thrips (insectes parfaits et larves), et a constaté que des fleurs non castrées, isolées dans des sacs hermétiques, ne donnaient pas de graines. En y introduisant des thrips, elles deviennent fertiles, car l'insecte apporte, collés à son corps, des grains de pollen.

Selon lui, les isoloirs en toile eux-mêmes ne protègent pas les betteraves isolées contre les thrips. Nous avons dit plus haut que, dans nos observations, nous n'avions jamais constaté la présence de thrips sur nos betteraves isolées ([3]).

Shaw considère que certaines soi-disant « mutations » de céréales ou d'autres plantes isolées, sont simplement dues à des hybridations par des thrips. Nous partageons sa manière de voir. Dans le seul cas où nous avons eu des betteraves mises sous isoloir qui ont été hybridées (cas cité page 114) la faute en serait peut être imputable à des thrips ou autres insectes extrêmement petits ayant pu pénétrer à l'intérieur.

Certains sélectionneurs, qui sont opposés à l'isolement sous toile hermétique, après avoir usé de ce procédé, l'ont déclaré mauvais à cause de la diminution de vigueur des plantes autofécondées provenant de graines ayant mûri sous toile. Ils n'ont pas apporté, faute de le connaître, le correctif nécessaire d'une hybridation postérieure entre lignées fixées.

Tritschler (176) a cultivé dans des isoloirs de gaze des betteraves fourragères Eckendorf. Il a comparé les descendances à celles des betteraves ayant grainé en groupe.

Les pourcentages de betteraves de bonne forme étaient de 65 pour 100 avec les betteraves ayant grainé en groupe et de 51 à 55 pour 100 seulement pour celles ayant grainé isolément. En faisant fructifier par groupe ou famille des betteraves dont les mères avaient été isolées, il obtenait des descendances de meilleures formes que celles des lignées n'ayant pas été ainsi traitées.

Nous faisons toutes nos réserves, nous l'avons déjà dit, sur la valeur de la gaze employée comme isolant. Dans la mesure où il y a eu autofécondation, des formes sont apparues qui n'étaient pas forcément la forme

---

([3]) Par contre, les thrips sont fréquents sur les céréales.

typique de la variété. Cette dernière a beaucoup de chances de se montrer, au contraire, chez une population hybride où les caractères dominants masquent les récessifs.

Au sujet de cette pratique de réhybridation après isolement de lignées, nous avons vu chez une autre plante, le seigle, un exemple topique de ce même procédé à Weibullsholm (Suède) où M. Heribert Nilsson a isolé et autofécondé des seigles pendant plusieurs générations (le seigle, comme la betterave, est une plante à fécondation croisée). Ses plantes autofécondées présentaient un affaiblissement très caractéristique et un observateur superficiel les aurait déclarées impropres à servir d'origine à de bonnes semences. Ces mêmes plantes, lorsque les caractères agronomiques recherchés avaient été fixés et les caractères défectueux éliminés, étaient hybridées entre elles ; l'effet stimulant de l'hybridation se produisait et l'expérience bien conduite donnait, à la fois, des plantes vigoureuses et homogènes. La composition variétale du seigle n'a été étudiée que tout récemment, d'après Vavilov, par Mlle Antropova et Mlle Toupikova. Par isolement, un nombre considérable de formes sont apparues, identiques à celles du blé, et présentant la même étendue de variation.

D'autres sélectionneurs ont déclaré avoir obtenu, dans le cas de l'isolement, l'apparition de betteraves de couleur dans la descendance ; ce qui ne se produit pas lorsque les betteraves mères (betteraves à sucre) ont grainé librement en s'interfécondant.

Relativement à l'observation de certains auteurs qui ont trouvé des betteraves colorées dans la descendance de betteraves à sucre, nous pouvons affirmer que sur 2000 betteraves sucrières, isolées sous toile depuis dix ans, à Verrières, nous n'avons remarqué que 3 ou 4 betteraves ayant été hybridées de rouge à la suite d'accident survenu aux isoloirs, et ceci dans un seul cas où ces betteraves se trouvaient voisines de betteraves rouges. Nos toiles sont, comme nous l'avons dit, un peu plus fines que celles de Munerati. La betterave sucrière, telle que nous la possédons, se montre, dans les croisements, *récessive* quant à la plupart des caractères qui nous intéressent (sauf pour le caractère poids). Elle est donc fixée, tout au moins dans ses grandes lignes ; et il est évident que la brusque apparition de caractères anormaux tels que feuillage rouge ou peau jaune, est due, dans les conditions d'un isolement défectueux, à l'intervention intempestive d'un pollen étranger venu parfois de très loin. J'ai vu un lot, supposé bien isolé, être hybridé à 2^{km} par d'autres betteraves à graine. Nous avons fréquemment constaté le fait d'hybridation lorsque nous avons essayé d'un isolement moins rigoureux, soit pour expérience, soit simplement dans le but d'obtenir une grenaison plus abondante.

Fig. 100. — Fixation des caractères de feuillage (Lignée 440). (Voy. page 116.)

Fig. 101. — Fixation des caractères de feuillage (Lignée 4153). (Voy. page 116.)

J'ai notamment voulu convaincre un jour un de mes collaborateurs de la facilité de l'hybridation. Nous avons isolé une betterave à sucre sous une toile sensiblement moins fine que notre toile habituelle : le résultat a été immédiat; la descendance contenait une forte proportion de rouges, hybridées par suite de pollen étranger qui avait traversé la toile et fécondé la betterave mère.

Nous affirmons donc que, dans l'immense majorité des cas, les descendances de nos betteraves à sucre restent blanches et présentent les caractéristiques moyennes de la variété agricole.

L'isolement sous toile pendant plusieurs générations ne produit pas une progression dans la diminution de vigueur de la descendance. Cette diminution de vigueur s'atténue, au contraire, dans les générations suivantes. Il n'y a pas dégénérescence des caractères.

East et Jones (49) que nous citons à nouveau ont dit : « L'autofécondation n'est pas un processus de dégénération mendélienne continue; ses effets sont en relation avec le nombre de caractères en jeu.

L'augmentation de la vigueur résulte de l'interaction de différents éléments héréditaires qui se trouvent réunis par l'hybridation.

Shaw (168) a remarqué au cours d'expériences sur l'autofécondation que celle-ci n'avait lieu que dans une faible proportion (2,29 pour 100) lorsqu'on isolait les betteraves à de grandes distances en les laissant fleurir à l'air libre. Nous avons une proportion beaucoup plus considérable de betteraves autofécondées puisqu'elle s'élève à 75 pour 100 sous isoloir (Shaw n'a trouvé que 25 pour 100). Il est vrai que nous secouons nos isoloirs de temps en temps; de la sorte nous avons la « close fertilisation » dont parle Shaw, c'est-à-dire la fécondation entre fleurs du même individu.

Comme l'indiquent East et Jones, nous avons constaté, à la suite de l'isolement, la fixation de nombreuses formes ou lignées différentes. Chez quelques-unes, les caractères de feuillage se sont fixés dès la première génération d'une façon étonnante; il y a, évidemment, apparition de caractères récessifs qui ne peuvent se montrer qu'exceptionnellement dans les cas de fécondation croisée normale.

Chez la betterave rose demi-sucrière, notamment, nous avons fréquemment obtenu la fixation d'une race à très petit feuillage et à pétioles dénudés; chez la blanche demi-sucrière, celle d'une forme à feuillage fin, lancéolé, très abondant; enfin, dans ces deux variétés, une multitude d'autres formes qui se montrent très homogènes dans chaque reproduction.

Chez la betterave à sucre, nous avons observé le même fait : des feuillages uniformément grands et peu cloqués, ou grands et très cloqués; certains vert foncé, d'autres mat ou vert grisâtre; des feuillages demi-dressés, d'autres régulièrement étalés ou en rosette comme chez l'ancienne betterave Vilmorin; d'autres enfin à pétioles très dénudés avec un feuillage lancéolé, mince, vert clair, non cloqué, qui constituait la caractéristique de quelques types de nos betteraves vers 1900. Chaque descendance individuelle avait un caractère tellement tranché que nous l'avons fixé par la photographie et nous en reproduisons quelques exemples (*fig.* 100, 101).

Les caractères de collet se sont aussi différenciés d'une façon remarquable. Toute betterave fourragère présentant une légère tendance à avoir un collet allongé, reproduit, en général, ce caractère dans sa descendance d'une façon désastreusement régulière. Nous regrettons de n'avoir pas fait photographier en 1915 une série de betteraves de première génération dont la mère, ayant grainé sous isoloir, avait un collet un peu allongé, caractère que nous avons voulu étudier. Nous en avons cependant fait trois croquis à l'époque et nous les reproduisons. Comme on voit, les collets s'étaient exagérés et constituaient plus du tiers de la partie restante après chute des feuilles et des pétioles à l'automne (*fig.* 103).

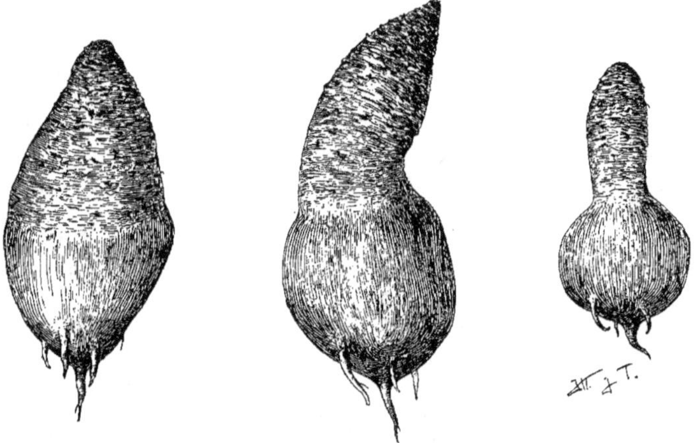

Fig. 103. — Betteraves « Géante blanche demi-sucrière » à collet allongé.

Nous notons ici en passant une caractéristique de la betterave géante rouge qui consiste à avoir un petit mamelon renflé au centre de l'insertion des feuilles.

Les betteraves de forme ovale allongée, que nous avons isolées sous toile, nous ont donné, spécialement dans la géante rouge, des descendances toujours plus courtes et à forme presque globe.

Dans la géante rouge, plusieurs descendances ont produit des racines à épiderme extérieur circulairement zoné de rouge et de rose pâle presque blanc.

Au point de vue forme de la racine, les betteraves géantes roses choisies comme contenant une proportion très élevée en matière sèche ont généralement donné des descendances également riches en matière sèche, mais ayant tendance à s'enterrer, à l'inverse du type qui doit avoir un bon tiers de la racine hors terre. Une équipe de belges venus en 1913 arracher une de ces descendances les a prises pour des betteraves roses de distillerie. A vrai dire, la différence de forme était faible et la richesse en sucre peu inférieure, ce qui démontre que l'on peut facilement constituer un type de betterave rose de distillerie en partant d'une betterave dite « demi-sucrière » ou *vice versa*. La seule différenciation, à notre avis, pourrait être la plus grande quantité de sucres réducteurs qui existe chez la betterave fourragère.

Pour les betteraves accidentellement hybridées de poirée, nous avons toujours trouvé le caractère racine fourchue dominant sur le caractère racine pivotante. La betterave obtenue par Carrière (25), décrite dans la *Revue horticole*, 1886, page 223, et qui était sans doute le résultat d'une hybridation fortuite, est donc un cas assez curieux. Il s'agissait d'un hybride de poirée et de betterave potagère qui avait des cardes de belle dimension et une racine de betterave potagère utilisable. Le cas avait excité de l'intérêt comme présentant une bette-betterave utilisable à deux fins : carde et racine. Une descendance possédant des caractères aussi divers a dû se montrer infixable, car ce cas curieux n'a pas été l'origine d'une race qui se soit perpétuée.

En résumé, l'autofécondation permet de fixer certains caractères et d'en éliminer d'autres. L'hybridation postérieure est faite avec une betterave où l'on a fixé les mêmes caractères et supprimé ceux qui sont indésirables. Il en résulte que le produit est un hybride, mais dans lequel nous sommes sûrs que certains caractères défectueux ne réapparaîtront pas. Il y a donc un gain certain au point de vue de l'amélioration économique de la plante.

Hérédité de la richesse sucrière. — La fixation de la richesse dans la betterave sucrière ne peut être vraiment effective à notre avis que par l'étude et le choix parmi les lignées de betteraves autofécondées ; sans doute, ainsi que Munerati le fait remarquer, le progrès est réel ; les individus de faible richesse qui existaient dans les champs de betterave à sucre ne se rencontrent plus que rarement, par suite de l'amélioration de la plante ; mais le progrès a été lent parce que les individus ayant chance de transmettre une grande richesse à leur descendance n'ont pas été isolés. L'interfécondation tend toujours à égaliser la richesse moyenne, et ce n'est que par l'élimination répétée des types inférieurs en richesse qu'on a progressé. Il existe, parmi les betteraves sauvages, des racines ayant 20 pour 100 de sucre; des racines ont été trouvées en culture, dosant 21 pour 100 de sucre et plus, nous les avons relevées sur les cahiers de notre grand-père Louis de Vilmorin, mais elles n'ont pas été isolées; dès lors le progrès a été lent. En 1811, comme le montre Munerati, on observait une moyenne de 6 à 7 pour 100 de sucre dans les betteraves cultivées; mais on signalait aussi des sujets à 16,2 et même à 18,2 pour 100.

Parmi les extrêmes de richesse indiqués, Peklo aurait trouvé en 1908 dans l'Europe centrale jusqu'à 27,3 pour 100 et Pritchard (137) signale à Madison (États-Unis) jusqu'à 26 et 30 pour 100. Aulard (8) indique 34 pour 100 qui auraient été observés en Californie. Tracy (175) a signalé 26 pour 100 en Égypte et Pellet (130 et suiv.) donne, pour la même graine, 25 pour 100 en Égypte et seulement 14 à 16 pour 100 en France.

Nous n'avons jamais personnellement observé plus de 23 pour 100; et nous ne pensons pas que des racines cultivées en France aient jamais beaucoup dépassé ce pourcentage.

Se référant à l'hétérogénéité actuelle des types cultivés, Munerati conclut en disant que les extrêmes de richesse doivent être envisagés comme représentant l'amplitude des fluctuations des divers groupements d'une population, et non l'étendue des fluctuations d'un type homogène. C'est aussi notre manière de voir.

Lode a écrit en 1922 (93) qu'à partir d'une certaine richesse il semble que la pression osmotique atteigne la limite maximum que puissent supporter les cellules, et celles-ci se soustraient à un nouvel accroissement en fixant le sucre sous forme de fécule. Il cite le cas de betteraves de Bohême de 1921, extrêmement riches (quelquefois 27 pour 100) qui contenaient une quantité anormale d'amidon. Les études sur la pression osmotique dans la betterave ne peuvent encore nous donner une réponse positive.

Il est possible que la sélection puisse amener la betterave à des richesses plus considérables que celles connues actuellement; cependant Briem signalait déjà, en 1909, que les betteraves de richesse très considérable présentaient des anomalies de nature diverse, par exemple un trouble dans la circulation des sucs comme conséquence du manque de grosses cellules parenchymateuses emmagasinant l'eau.

Ce ne sont pas toujours les betteraves les plus riches qui transmettent le mieux le caractère richesse en sucre; mais, parmi les betteraves de 19 à 22 pour 100 de sucre par exemple, certaines ont des aptitudes à transmettre à leur descendance une richesse homogène.

En ce qui concerne le poids, toutes conditions égales d'ailleurs, les betteraves à faible poids sont généralement plus riches; mais en dehors des extrêmes il n'existe pas toujours une relation bien nette; Van Oetken

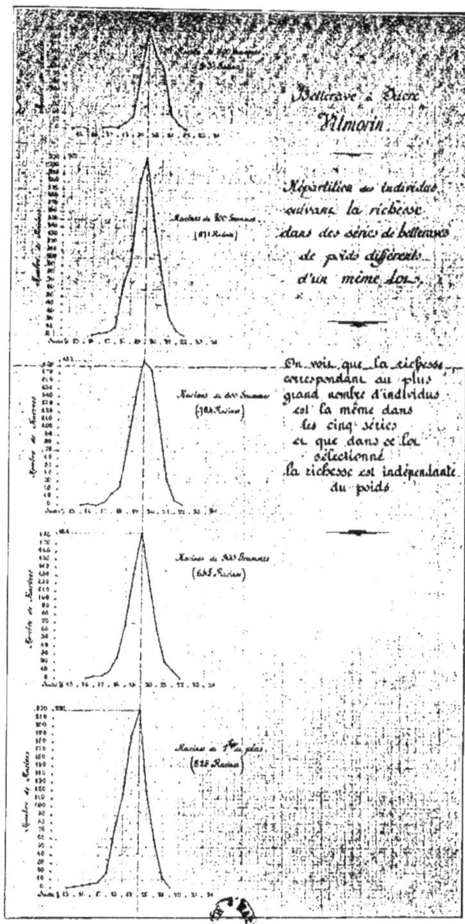

Fig. 104. — Répartition des individus suivant la richesse.
(Homogénéité de la richesse.) (Voy. page 119).

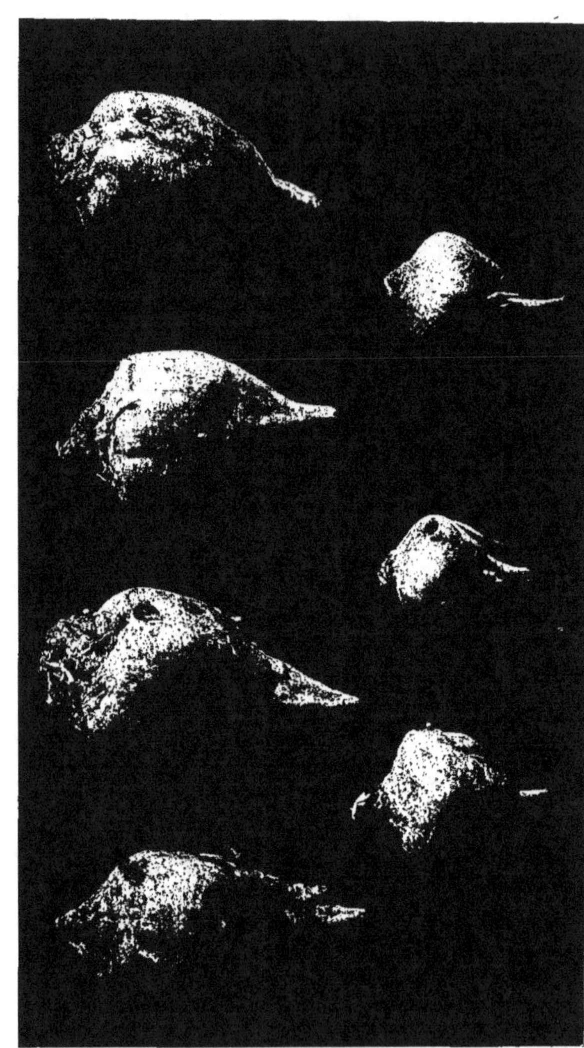

Fig. 105. — Hybridation de sucrière avec Betterave ronde F_1. (Voy. page 119.)

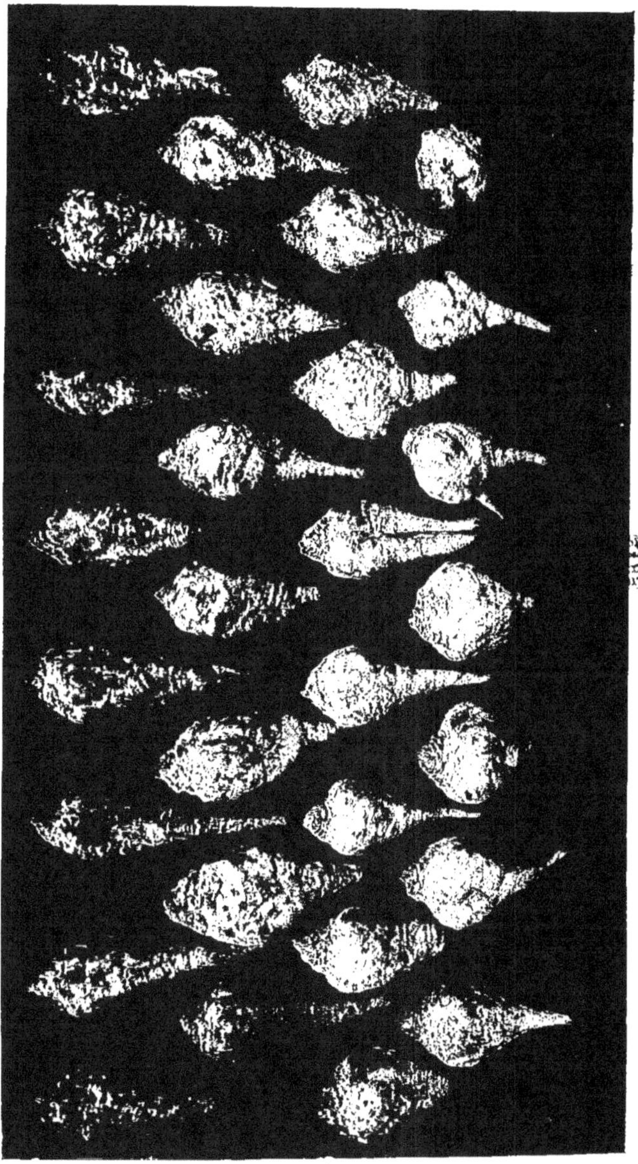

Fig. 106. — Hybridation de sucrière avec Betterave ronde F$_2$. (Voy. page 120.)

(126) nie cette corrélation et pense que poids et richesse varient indépendamment. Pritchard l'admet en se basant sur le fait que le sucre s'emmagasine surtout dans les zones concentriques occupées par les faisceaux fibrovasculaires plutôt que dans les zones alternes parenchymateuses ; par suite les petites racines qui ont des quantités plus réduites de tissu parenchymateux seraient plus riches.

Nous avons obtenu à Verrières des lignées chez lesquelles les grosses betteraves ont, en moyenne, la même richesse que les petites ; et les graphiques que nous reproduisons (*fig.* 104) illustrent ce fait d'une façon frappante, bien que l'on puisse constater néanmoins un très léger décalage si l'on considère le nombre des racines et non plus la moyenne.

L'obtention de races modernes d'une grande richesse, alliée à un fort poids et une forme plus courte que les types anciens, montre qu'il n'y a pas incompatibilité entre ces divers caractères. Cependant, si l'on prend les types extrêmes : betterave ronde d'une part et betterave longue de l'autre, nos expériences de croisement semblent indiquer une « association » (linkage) entre la forme allongée et la richesse en sucre. Nous donnons ci-dessous les résultats d'une expérience entreprise à Verrières et non encore terminée ayant pour but l'obtention d'une betterave sucrière ronde qui devrait, comme conséquence de sa forme, être peu racineuse et d'arrachage facile.

Les deux parents du croisement (fait en 1918) étaient : d'une part, une petite betterave ronde à chair blanche et pétioles colorés de rose et à petit feuillage glauque extrêmement homogène. Cette forme avait été extraite de la descendance d'une betterave potagère ronde à la suite d'un croisement accidentel, et complètement fixée par plusieurs années de culture.

D'autre part, une betterave sucrière très riche.

La racine ronde employée pour le croisement pesait 700^{gr} et accusait au polarimètre 10,9 pour 100 de saccharose. La racine sucrière était du même poids avec 20 pour 100 de sucre.

En première génération (F$_1$) (1919) (*fig.* 105), toutes les racines hybridées accusaient un fort poids, de 0^{kg},800 à 2^{kg} (15 racines), se décomposant en :

		kg
2 racines de	»	0,800
4	»	0,900
2	»	1
1	»	1,200
1	»	1,400
2	»	1,600
1	»	1,700
1	»	1,900
1	»	2

La richesse oscillait entre 13,5 et 16,5 pour 100 avec une courbe irrégulière, présentant un sommet plus accentué à 16.

En seconde génération (F_2, 1921) (*fig.* 106), le croisement nous a donné les résultats suivants (sur 1955 racines) :

Racines rondes à pétioles colorés		1054
» » verts		338
Racines demi-longues à pétioles colorés		378
» » verts		134
Racines longues à pétioles colorés		43
» » verts		8
		1955

soit au point de vue forme (proportion anormale)

Racines rondes		1392
» demi-longues		512
» longues		51

et au point de vue de la coloration des pétioles (proportion sensiblement mendélienne)

Pétioles colorés		1475
» verts		480

En ce qui concerne la richesse en sucre et le poids, les chiffres se répartissent ainsi :

1° Racines rondes à pétioles colorés :

Richesse : variant de 10 à 17,5 avec un sommet à 13,5.
Poids : variant de 400^{gr} à 1700^{gr} avec un sommet à 700^{gr}.

2° Racines rondes à pétioles verts :

Richesse : variant de 10 à 16,5 avec un sommet à 13,5.
Poids : variant de 400^{gr} à 2^{kg} avec un sommet à 700^{gr}.

3° Racines demi-longues à pétioles colorés :

Richesse : variant de 10 à 17,5 avec un sommet à 13.
Poids : variant de 400^{gr} à 1800^{gr} avec un sommet à 700^{gr}.

4° Racines demi-longues à pétioles verts :

Richesse : variant de 11 à 18 avec un sommet à 14.
Poids : variant de 500^{gr} à 1400^{gr} avec un sommet à 700^{gr}.

5° Racines longues à pétioles colorés :

Richesse : variant de 12 à 17,5 avec des sommets accentués à 14 et à 16.
Poids : variant de 300^{g} à 1300^{g} avec un sommet à 600^{g}.

6° Racines longues à pétioles verts :

> *Richesse :* variant de 13 à 17.
> *Poids* : variant de 500^{gr} à 1100^{gr} (racines trop peu nombreuses).

Les racines longues analysées (malheureusement en nombre trop faible) semblent indiquer un pourcentage en sucre légèrement plus élevé. Quoi qu'il en soit nous n'avons pas retrouvé, en seconde génération, le chiffre très élevé en sucre de la betterave sucrière employée comme parent.

Nous n'aurons que cette année (1923) les résultats de la troisième génération (différentes racines choisies et cultivées isolément).

F. — Difficultés de l'interprétation des résultats.. — Une cause de difficultés d'interprétation des résultats de la sélection est l'extrême variabilité de la plante par rapport aux conditions de milieu. Munerati a publié les résultats détaillés de ses champs d'expériences (113). Des lignées de betteraves autofécondées cultivées dans un champ de sol homogène, bref dans des conditions idéales, ont donné des résultats de poids et de richesse variant d'une betterave à l'autre dans des proportions considérables. Nos champs d'expériences nous donnent des résultats aussi variables.

Les différences possibles entre lignées de richesse sucrière distincte sont ainsi obscurcies par les fluctuations dues au milieu. Poussant la chose à l'extrême, Pritchard (137) a pu dire que les différences de richesse en champ d'expérience étaient seulement le reflet de l'absence d'uniformité du sol.

Pour diminuer les chances d'erreur dans nos champs d'essais nous employons un semoir à poquets qui place, au semis, les betteraves à une distance égale. Nous remplaçons les betteraves à sucre qui viennent à manquer par des betteraves de distillerie roses que nous repiquons aux endroits où il se produit un vide. Le champ est entouré par un rang de bordure de betteraves fourragères. Nous employons, comme nous l'avons dit, un même lot témoin cultivé de place en place; de même les variétés en comparaison sont répétées sur différentes parcelles. Bien que le champ d'expérience soit toujours choisi aussi homogène que possible, avec un assolement toujours le même, nous ne tenons compte que des résultats concordants obtenus après trois années d'expérience; correction faite des différences climatériques, indiquées par les observations météorologiques.

Munerati cite des différences de 3 degrés de richesse suivant que la culture est faite à Vienne ou à Prague. Il fait remarquer que les betteraves n'arrivent pas toutes au même moment à leur maximum de richesse sucrière, ce qui est encore une cause d'erreur. Au moment de l'arrachage, certaines ont dépassé l'époque de leur contenu maximum en sucre; d'autres y arrivent, d'autres enfin n'y sont pas encore parvenues. Comme le critérium du choix des reproducteurs est la richesse en sucre, les betteraves qui n'ont pas encore atteint, ou qui ont dépassé leur maximum en sucre, sont désavantagées.

Il ajoute : la betterave est d'une extrême sensibilité à l'action du milieu. Elle constitue un organisme capable de subir des variations qu'aucun instrument ne saurait enregistrer. Le produit de la graine la meilleure présente à l'aspect un mélange désordonné de types au point de vue port, végétation, couleur des feuilles et formes des racines. Il ne faut pas oublier, d'ailleurs, que les betteraves ont été sélectionnées surtout à la richesse, mais non à la forme, au feuillage, etc. (¹).

Si l'on compare, dit-il, les différentes « marques » commerciales, on les trouve assez uniformes et l'on peut se demander si des variations analogues n'auraient pu être enregistrées dans toutes les parcelles, si elles avaient été toutes ensemencées avec la graine d'une même variété. Une année c'est une marque qui se classe première, l'année suivante c'est une autre.

G. — Notre position au point de vue des théories actuelles concernant l'évolution. — Les idées que nous avons exposées, au cours de ces différents chapitres, indiquent suffisamment la position que nous prenons relativement aux diverses théories concernant l'évolution. Nous tenons cependant à les préciser en quelques lignes.

Nous pensons, tout d'abord, que la diversité présentée par les individus, résulte de l'action du milieu dans lequel ils vivent, sur le développement d'un complexe originel; que ce complexe seul est héréditaire et qu'il est transmis (intégralement ou en partie) des parents aux enfants par l'intermédiaire des cellules sexuelles. C'est dire que nous nous éloignons de la théorie lamarckienne qui considère la diversité des êtres vivants comme uniquement due à l'ambiance qui serait, par suite, l'origine de toute variation.

Nous rejetons, jusqu'à preuve du contraire, l'hypothèse de « l'hérédité des caractères acquis » et pensons avec Cuénot que les preuves expérimentales en sa faveur « sont rares, médiocres et n'entraînent pas la conviction, ou sont passibles de critiques qui les annulent, et que le problème reste toujours posé (²) ».

(¹) MUNERATI, *Oss. et Ric.*

(²) L. CUENOT, R. LIENHART et M. MUTEL, *Expériences montrant la non hérédité d'un caractère acquis* (*Comptes rendus de l'Académie des Sciences*, 26 février 1923, p. 611).

Avec Lotsy, nous faisons une distinction bien nette entre *diversité* et *variabilité;* cette dernière étant uniquement due au milieu et non héréditaire.

Nous admettons l'hypothèse mendélienne que, comme praticien, nous avons été à même de vérifier bien des fois, et qui se présente, par suite, comme un moyen d'investigation très sûr dans les cas simples d'hérédité.

Tout en acceptant la possibilité de « mutations » dans le sens de Hugo de Vries (212), c'est-à-dire la production *spontanée* d'individus différant de leurs parents dans la constitution de leurs germes, *sans règles ou sans causes apparentes*, nous croyons que beaucoup de « mutations » sont douteuses; et que, dans bien des cas, les formes apparues résultent, vraisemblablement, de la répartition dans les gamètes d'un ou de plusieurs éléments héréditaires, à la suite d'une hybridation ancienne, naturelle ou artificielle.

De même, en ce qui concerne les mutations provoquées à l'aide de traumatismes, etc., il faut toujours être prudent, et, avant de porter à leur compte les variations qui apparaissent, s'être bien assuré de l'état de pureté du matériel employé, par une culture isolée pendant plusieurs années. Il n'y a, bien entendu, pureté que lorsque les gamètes mâle et femelle possèdent un même ensemble héréditaire.

A la lumière des récentes découvertes cytologiques, nous admettons que les *chromosomes* sont les porteurs des éléments héréditaires, ou, tout au moins, le siège de la *ségrégation;* et, avec Lotsy (94), « que la morphogénèse des individus n'est que la résultante de la structure moléculaire des chromosomes des cellules sexuelles ».

Par suite, l'hérédité mendélienne n'est suivie que dans les cas où les chromosomes se *conjuguent par paires;* et il existe d'autres catégories d'hybrides chez lesquels les types croisés diffèrent par le nombre des chromosomes; il en résulte diverses combinaisons qui ont été étudiées chez plusieurs espèces de plantes et d'animaux.

Tout ce que nous connaissons maintenant de l'hybridation concerne uniquement les chromosomes; et si, avec Lotsy, nous admettons que les groupes provenant de différents cytoplasmes doivent être étudiés dans des catégories diverses (¹), il nous est alors plus facile d'adhérer à son hypothèse de « l'origine des espèces par hybridation », puisque nous n'envisageons par là que les petits groupes d'individus qui diffèrent entre eux parce que la structure moléculaire de leur assortiment de chromosomes n'est pas la même.

(¹) Le récent travail de Vavilov [*The law of homologous series in variation* (*Journal of Genetics*, avril 1922)], qui montre d'une façon nette le parallélisme existant entre les séries de variétés des divers groupes linnéens, vient à l'appui de cette idée.

Chez les plantes, on rencontre fréquemment une catégorie spéciale de variations héréditaires qui résultent de la perte d'un élément ou d'un regroupement différent d'éléments héréditaires dans une cellule non germinale. Ce sont les variétés de bourgeons que les spécialistes horticoles désignent du nom de « sports ». Nous pensons que ces variations ne peuvent se produire que chez des plantes hybrides, dont l'ensemble héréditaire n'est pas ce que nous avons défini plus haut, un « matériel pur ».

Nous ajouterons quelques mots sur la question des prétendus hybrides de greffe et l'hybridation asexuelle.

Nous pensons qu'il est maintenant clairement démontré que cette hybridation asexuelle n'existe pas au sens propre du mot et que tous les cas cités d'influence du sujet sur le greffon, et *vice versa*, ne sont que des variations de nutrition s'expliquant très bien par la différence de vigueur des individus ainsi réunis, ou bien par une infection, comme on le remarque dans quelques cas tout spéciaux de panachure.

Dans les plantes unies par la greffe, les cellules des individus assemblés continuent à se multiplier et à vivre de leur vie propre, il n'y a pas *coalescence* des *plasmas*. Une preuve à l'appui est la découverte, à la suite des observations de Winkler et de Baur, d'individus auxquels ils ont donné le nom de *chimères;* ce sont, à proprement parler, des individus doubles, l'un entourant complètement ou partiellement l'autre; l'étude anatomique de tels phénomènes a montré que les tissus des deux plantes croissaient côte à côte sans jamais fusionner. On connaît les exemples fameux des *Cytisus Adami* et *Crataego-Mespilus.*

Beaucoup de plantes à feuilles panachées semblent être de ces *chimères* dans lesquelles un individu albinos et un individu vert vivent l'un sur l'autre.

Les recherches du professeur Bateson (10), de Londres, ont également montré que certaines variétés de plantes (*Bouvardia, Pelargonium,* etc.) ne se reproduisent pas pures lorsqu'on les multiplie de boutures de racines; or, on sait que les bourgeons adventifs développés sur les racines proviennent des tissus intérieurs. On peut donc supposer que, dans ces cas, la nature des tissus sous-épidermiques est différente de celle des tissus internes et que l'on se trouve en présence d'une nouvelle catégorie de chimères.

H. — Progrès possibles au point de vue de l'amélioration ultérieure des betteraves cultivées. — En nous reportant aux documents que nous possédons sur les variétés de betteraves qui existaient il y a un siècle, nous pouvons constater qu'il y a eu un très réel progrès pour les betteraves à sucre au point de vue richesse saccharine; dans les dernières années si le progrès a été moins sensible, du moins l'écart de

richesse entre les betteraves moyennes et cultivées pour la sucrerie et les
« superélites », les « premiers choix » les betteraves têtes de familles, s'est
beaucoup atténué. Cela tient à ce que, d'une part, les lignées riches ont
été isolées et suivies; de l'autre à ce que les types de richesse inférieure
ont été éliminés. Pour les betteraves fourragères la sélection chimique,
bien que récente, produit déjà des résultats appréciables.

Des améliorations notables sont-elles encore possibles ? Nous le
croyons. Seront-elles du même ordre de grandeur que celles qui ont été
réalisées dans le dernier siècle ? Cela nous paraît difficile, au moins pour
la sucrière, Munerati (111 *bis*) déclare que, même dans les meilleurs établissements de sélection, il n'y a plus guère d'amélioration appréciable de la
betterave à sucre les dernières années. Il donne les résultats obtenus en
Bohême depuis 1910 et publiés par l'Institut sucrier de Prague. La simple
lecture indique qu'il n'y a plus, depuis lors, que des fluctuations au point
de vue du pourcentage en sucre, du produit à l'hectare et du sucre total.
Le groupe des quatre années 1912, 1913, 1914 et 1915 donne des maxima
pour ces trois catégories de faits analysés. La moyenne de ces quatre
années n'est atteinte par celle d'aucun groupe d'années subséquentes.

Années.	Sucre pour 100	Produit à l'hectare en quintaux.	Sucre par hectare en quintaux.
1910	18,47	412,75	76,23
1911	17,16	190,50	32,69
1912	19,90	403,00	80,20
1913	19,29	373,50	72,05
1914	20,47	356,75	73,03
1915	19,59	375,25	73,51
1916	18,03	260,00	46,88
1917	21,76	311,50	67,78
1918	20,63	363,00	74,89
1919	18,83	336,25	63,32
1920	17,99	294,00	52,89
1921	20,49	299,00	61,27

OBSERVATIONS. — L'année 1911 a été la plus sèche du siècle.

Depuis 20 ans, en France, les betteraves sucrières ont été améliorées
dans l'ensemble (il faut excepter les années de guerre où la culture a été
moins bien menée qu'à l'ordinaire). Nous donnons ici le tableau des
essais culturaux faits par le laboratoire du Syndicat des Fabricants
de sucre de France de 1904 à 1922, qui nous a été communiqué par
M. Saillard, directeur du laboratoire.

Années.	Nombre de champs.	Nombre de variétés.	Richesse de la betterave (sucre pour 100).	Rendements moyens par hectare (en quintaux).	Sucre par hectare (en quintaux).
1904........	12	8	15,97	295,32	46,95
1905........	10	14	15,20	363,48	55,50
1906........	8	12	16,33	354,07	57,59
1907........	7	12	16,10	322,14	52,25
1908........	9	13	16,01	342,79	55,72
1909........	9	14	16,31	332,39	54,29
1910........	6	14	15,97	300,63	47,01
1911........	8	14	16,60	203,06	33,67
1912........	10	14	17,13	333,40	57,19
1913........	9	14	16,64	311,40	51,93
1920........	4(¹)	11	17,82	355,55	63,46
1921........	8	11	16,67	287,56	47,87
1922........	7	12	18,12	304,83	55,52

Depuis 1920 la richesse de la betterave a augmenté comparativement aux chiffres d'avant-guerre, mais les rendements en poids à l'hectare n'ont pas encore rattrapé la moyenne d'avant 1914 à cause des mauvaises conditions de culture des régions libérées qui n'ont pu encore être agronomiquement rétablies au taux de production antérieur (²), ni comme façon culturale, ni au point de vue engrais.

Le sucre par hectare (moyenne des trois dernières années) est égal ou légèrement supérieur à celui des années 1904 à 1907. Il peut s'élever en même temps que le rendement.

La comparaison de ces chiffres avec ceux cités plus haut par M. Munerati (*voir* p. 125) indique donc un accroissement de richesse en sucre en France chez la betterave, ce qui est assez encourageant.

Dans la sélection, il ne faut négliger aucun progrès même petit. Ce sera notre conclusion, qui concorde avec celle de Munerati.

Nous avons signalé l'intérêt que présentaient des études sur les différentes betteraves sauvages. Leurs croisements peuvent amener des réalisations pratiques et insoupçonnées. L'emploi de l'autofécondation et de l'hybridation, judicieuses, est un grand levier entre les mains de nos contemporains; nous croyons qu'on peut en attendre beaucoup. De nouvelles méthodes d'amélioration des plantes peuvent être inaugurées et appliquées avec fruit; c'est aussi dans les éventualités possibles. Dans le cas de l'amélioration de la plante qui nous occupe, comme dans celui des

---

(¹) Nombre de champs faibles.
(²) La culture de la betterave à sucre est faite pour une notable partie dans les régions qui ont été occupées et systématiquement dévastées par l'ennemi.

plantes en général, il faut approfondir l'étude des caractères héréditaires pour en tirer le maximum de résultats tangibles.

La Chimie continuera à donner de très précieuses indications pour orienter le progrès. Bien des questions restent encore à étudier : la formation des différents sucres, leur migration et leur transformation. Ces phénomènes sont intimement liés à l'action des diastases dont l'étude complète est loin d'être achevée. L'étude des « non sucre » mérite également ment de retenir l'attention. Ces corps sont représentés par un grand nombre d'espèces chimiques dont certaines, même lorsqu'elles sont en faible proportion, exercent une action nettement défavorable à la cristallisation du saccharose. C'est le rôle du génétiste et du chimiste de les identifier et de les éliminer si possible par la sélection. Enfin, à ce même point de vue, l'action du terrain et notamment des engrais doit encore être étudiée. Il ne suffit pas en effet qu'un engrais chimique provoque une belle végétation de la plante, il faut encore qu'il favorise la formation d'une racine riche sans diminuer le coefficient de pureté.

Vu et approuvé :

Paris, le 27 avril 1923.

Le Doyen de la Faculté des Sciences,

M. MOLLIARD.

Vu et permis d'imprimer :

Paris, le 27 avril 1923.

Le Recteur de l'Académie de Paris,

Paul APPELL.

SECONDE THÈSE.

PROPOSITIONS DONNÉES PAR LA FACULTÉ.

Physiologie animale : Le sucre protéidique en particulier dans le sang des Mammifères.

Géographie physique : Le modelé glaciaire dans l'Amérique du Nord.

Vu et approuvé :
Paris, le 27 avril 1923.
LE DOYEN DE LA FACULTÉ DES SCIENCES,
M. MOLLIARD.

Vu et permis d'imprimer :
Paris, le 27 avril 1923.
LE RECTEUR DE L'ACADÉMIE DE PARIS,
PAUL APPELL.

M Trottet del.

Helio Schutzenberger

BETA PATELLARIS. MOQ_TAND. (HERBIER COSSON)
OUED DEBENY (SUD-OUEST DU MAROC)
MARDOCHÉE, 1875
(Grandeur naturelle)

BETA PATELLARIS . MOQ – TAND . (HERBIER COSSON)
OUDJAN (SUD-OUEST DU MAROC)
MARDOCHÉE 1875
(Grandeur naturelle)

M. Trotter del.

Helio Schutzenberger

BETA PATELLARIS. MOQ—TAND. (HERBIER COSSON)

MOUDJERID (MAROC)

IBRAHIM, JUIN 1888

(Grandeur naturelle)

BETA PROCUMBENS. CHR.SM.(E.BOURGEAU N° 1238)
IN ARENA MARITIMA VALLIS, (TÉNERIFFA)
MARTIANEZ, 12 FÉVRIER 1845
(Grandeur naturelle)

M. Trotter del.   Hélio Schutzenberger

B. VULGARIS L. VIRESCENTE (D'APRÈS NATURE)
1 ET 2, RAMEAUX DE LA BETTERAVE VIRESCENTE
3. GLOMÉRULES D'UNE BETTERAVE NORMALE
(Grandeur naturelle)

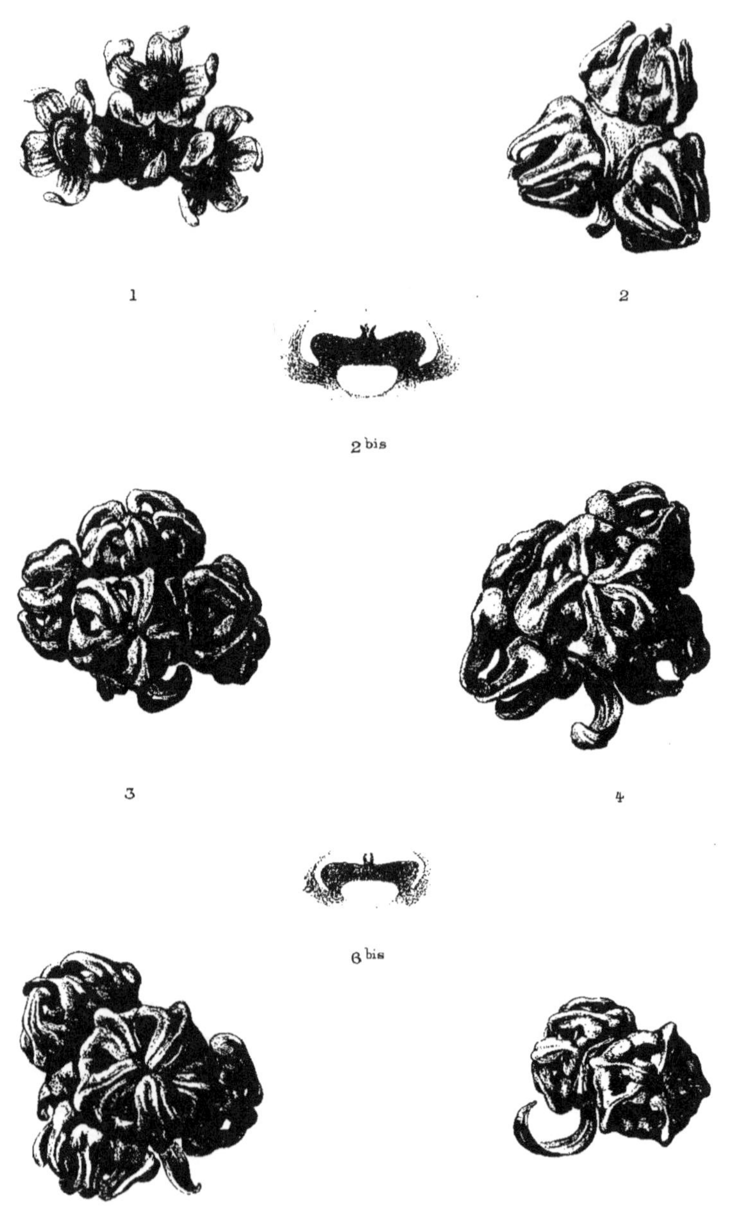

1, B. TRIGYNA, WALDST ET K. _ 2, B. VULGARIS L. _ 2 bis, VULGARIS L.

3, B. MARITIMA L. _ 4, BETTERAVE A SUCRE _ 5, BETTERAVE FOURRAGÈRE

6, BETTERAVE POTAGÈRE _ 6 bis, BETTERAVE POTAGÈRE.

(Grossissement 8 fois)

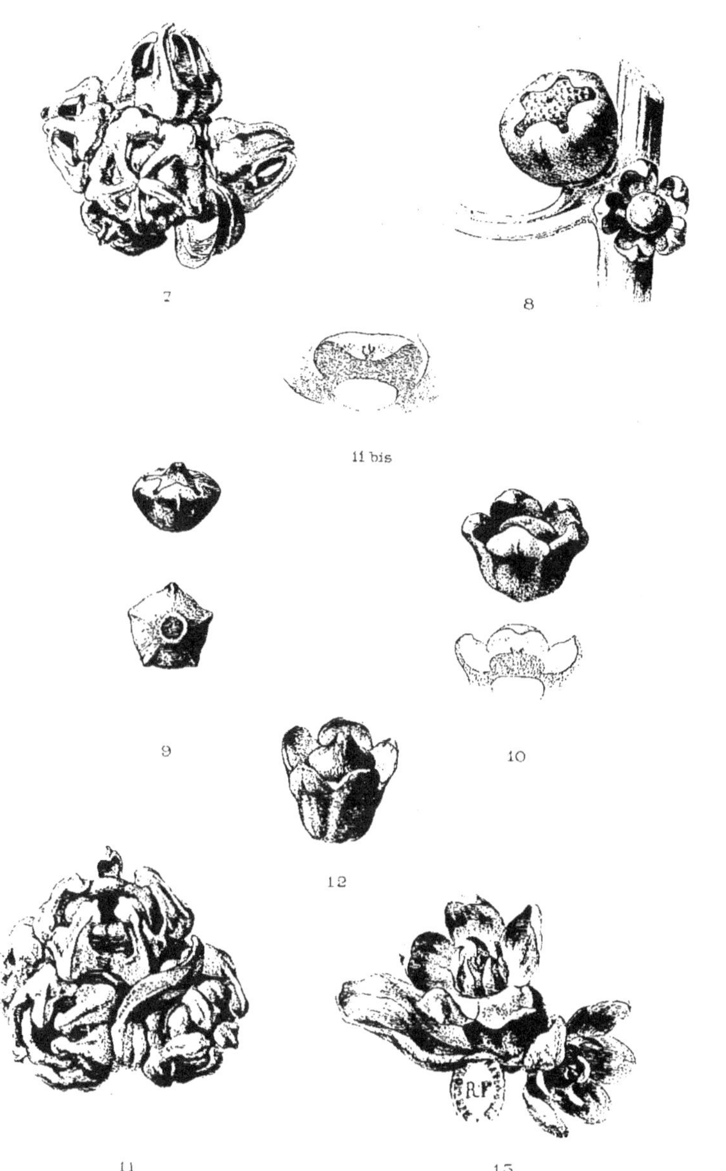

7, POIRÉE _ 8, B. PATELLARIS, MOQ. _ 9, B. WEBBIANA, MOQ.
10, B. CAMPANULATA, COSS. Nº 2 _ 11, B. BOURGAEI, COSS. _ 11 bis, B. BOURGAEI, COSS.
12, B. CAMPANULATA, COSS. Nº 1 _ 13, B. FOLIOSA, HSKN

BIBLIOGRAPHIE.

1. **Almanach du Bon Jardinier.** — Édition 1789, p. 103. — Liste de variétés.
2. **Almanach du Bon Jardinier.** — Édition 1855. — Liste de variétés.
3. **Almanach du Bon Jardinier.** — Édition 1854, p. 23. — Betterave jaune des Barres.
4. **Même ouvrage** (passim). — Éditions 1755 à 1900 (nombreuses références), et spécialement années 1817, 1830, 1840, 1851, 1852.
5. ANDREWS. — **Anthocyanin of Beta vulgaris.** — Exp. Stat. Record, août 1920.
6. ANDRIEUX. — **Catalogue pour l'année 1771.**
7. ANDRLIK et URBAN. — **Variations de la composition chimique de la betterave.** — Bot. Zeit., vol. 38, p. 339. (Cité par la Sucrerie indigène et coloniale, 29 juillet 1914.)
8. AULARD. — **Culture de la Betterave sucrière en Californie.** — Analyse, dans Journal des Fabricants de sucre. LVII, 13, 1916.
9. BARTHOS (W.). — **Der Einfluss der Veredlung auf den Werth der Rübe.** Zeit f. Zuckerindustrie in Böhmen. XLII, 4, p. 299, 1918.
10. BATESON (W.). — **Mendel's Principles of Heredity.** — Cambridge, 1909, University Press.
11. BATESON (W.). — **Root-cuttings, chimaeras and « Sports ».** Journal of Genetics, vol. 6, déc. 1916, p. 75. — Journal of Genetics, vol. II, avril 1921, p. 91.,
12. BAUHIN (G.). — **Pinax Theatri Botanici.** — Bâle, 1671.
13. BAUR (E.). — **Einführung in die experimentelle Vererbungslehre.** — 2e édition. Berlin, 1914.
14. BLARINGHEM. — **Action des traumatismes sur la variation et l'hérédité (Mutation et traumatismes).** — Thèse présentée à la Faculté des Sciences de Paris. Lille 1907.
15. BOISSIER (E.). — **Flora orientalis.** Genevæ, 1867-1888.
16. BLONSKI (Fr.). — **Auswahl von Zucker. zu Zuchtzwecken nach dem Verhältnisse der Länge der Rübe zu ihrer Breite.** Zeit. f. Zuckerindustrie in Böhmen. XVIII, 5, p. 389; Œ. U. Zeit. f. Zuckerindustrie und Landwirtschaft. XXII, 6, p. 927, 1893.
17. BLONSKI (Fr.). — **Zur Methode der Auswahl von Rüben mit Hilfe der Selectoren.** Œ. U. Zeit. f. Zuckerindustrie und Landwirtschaft. XXIX, 1, p. 139, 1895.
18. BONNIER (G.). — **Formation du saccharose dans les racines de bett. à sucre.** — C. R. Ac. des Sciences, t. 159, 16 novembre 1914.

19. Briem (H.). — **Histoire de la betterave à sucre, sa culture et sa production.** — La Sucrerie indigène et coloniale, 20 février 1894.

20. Briem (H.). -- **Fécondité d'une bonne graine de Betterave.** — La Sucrerie indigène et coloniale, 21 mai 1899, p. 542.

21. Briem (H.). — Oest. Ung. Zuch., 1902, F. I, p. 13. — **Comment est-il possible qu'une betterave devienne pluriannuelle et donne de nouveau des graines ?** (d'après Bulletin de l'Association des Chimistes, octobre 1902 p. 463).

22. Briem (H.). — **Nachkommen von grossen und Kleinen Zuckerrüben.** — Deutsche Landw. Presse, 1911, p. 33.

23. Candolle (DE). — **Origine des plantes cultivées.** — Paris, 1896.

24. Candolle (DE). — **Prodromus.**

25. Carrière (E. A.). — **Bette et Betterave.** — Revue Horticole, 1886, p. 223.

26. Castle (W.-E.). — **Pure Lines and Selection.** — The Journal of Heredity, 1914, v. p. 93.

27. Chabrey (D.). — **Stirpium icones et sciagraphia.** — Genève, 1660.

28. Christensen (R.-K.). — **Détermination de la matière sèche dans les betteraves et autres racines.** — Analyse dans le Bulletin des Rens. agricoles, Rome, janvier 1917, p. 46.

29. Claassen. — **Conférence sur les buts de la sélection.** — Zentralblatt für Zuckerindustrie, 1918. (Analyse dans Journal des Fabricants de sucre, 16 septembre 1922, p. 485.)

30. Colin (H.). — **Action de la lumière sur la richesse saccharine de la Betterave.** — Bulletin Ass. Chimistes, sucrerie et distillerie, Congrès de Paris, septembre 1920, p. 61.

31. Colin (H.). — **Le saccharose dans la Betterave.** — Rev. Gén. de Bot., t. 28, 1916; t. 29, 1917.

32. Combes (R.). — **Production expérimentale d'une anthocyane identique à celle qui se forme dans les feuilles rouges en automne en partant d'un composé extrait des feuilles vertes.** — C. R. Ac. Sciences, t. CLVII, 1913, p. 1002.

33. Commerell (Abbé DE). — **Instruction sur la culture, l'usage et les avantages de la Betterave champêtre.** — Paris, Imp. royale, 1786.

34. Corbière. — **Nouvelle flore de Normandie.** — LXXVI, p. 486-487, Chenopodiacées. (R. Br. Nym.).

35. Coulter (M.-C.). — **Self-sterility.** — The Botanical Gazette, LXVI, 1918, p. 461.

36. Cuenot, Lienhart et Mutel. — **Expériences montrant la non-hérédité d'un caractère acquis.** — Comptes rendus Académie des Sciences, 26 février 1923, p. 611.

37. Darbishire (F.V.). — **Graines de betteraves à sucre.** — Journal Soc. Chim. Ind. Res., 38 : 21, 1919. (D'après Botanical Abstracts June 1920.)

38. Darwin (Ch.). — **The effects of cross and self fertilisation in the vegetable Kingdom.** — Londres 1876.

39. Darwin (Ch.). — **On the origin of species,** Londres 1860.

40. Darwin (Ch.). — **De la variation des animaux et des plantes à l'état domestique.** Trad. Barbier 1879-80.

41. Decaisne (J.). — **Recherches sur l'organisation anatomique de la Betterave.** — Comptes rendus de l'Académie des Sciences, 26 novembre 1838, p. 944.

42. Denaiffe (Henri). — **Betteraves fourragères et potagères, variation, degré de fixité, aptitudes.** — Ann. Sc. agron., 1911.

43. Desprez. — **Les betteraves montées à graine.** — La Sucrerie indigène et coloniale, 30 janvier 1895, p. 126 et 179.

44. Dupont et Riffard. — **La betterave à sucre dans le midi de la France.** — Bulletin de l'Ass. des Chimistes de Sucrerie, avril 1907, p. 1310.

45. Dureau (G.). — **Traité de la culture de la betterave à sucre.** — Paris 1886

46. Dureau (G.). — **Essais faits aux Etats-Unis sur la production d'une graine monogerme.** — Bulletin de l'Association des Chimistes de Sucr., janvier 1920, p. 67. (Extrait d'une étude de M. Dureau dans le Journ. des Fabricants de sucre, 13 août 1919).

47. East (E.-M.). — **The Mendelian notation as a description of physiological facts.** — The American Naturalist, XLVI, 551, 1912, p. 633.

48. East (E.). — **The phenomenon of self sterility.** — The American Naturalist, XLIX, 578, 1915, p. 77.

49. East (E.) et Jones (D.). — **Inbreeding and outbreeding** Philadelphia, 1919.

49 bis. — Faber (Harald). — **Forage crops in Denmark,** Londres 1920.

50. Fron (G.). — **Recherches anatomiques sur la racine et la tige des Chenopodiacées.** — Thèse de doctorat, Paris, Masson, 1899.

51. Fruwirth. — **Die Züchtung der landwirtschaftlischen Kulturpflanzen,** III, Bd., 1918.

52. Gaillot. — **Sur la sélection des graines de betteraves à sucre.** — Bulletin de l'Association des Chimistes de Sucrerie, mars 1920, p. 364.

53. Gaillot. — **Bulletin Ass. des Chimistes de Sucrerie.** Nº 9, t. XXXVII, 1920, p. 366.

54. Gaillot. — **La production des graines de betteraves.** — Journal d'Agriculture Pratique, 27 mai 1922, p. 421.

55. Gaudot (G.). — **Isolement des betteraves porte-graines.** — Journal d'Agriculture Pratique, 13 mai 1920.

56. Geemen (Pieter van). — **Verhandelingen van het Bataviasch Genootschap der Kunsten en Wetenschapen,** 1790. — Au sujet du *Beta rubra* Noronha.

57. Geschwind et Sellier. — **La Betterave agricole et industrielle.** — Paris, 1902.

58. Goldschmidt (R.). — **Genetic Experiments concerning evolution.** — The American Naturalist, LII, 613, 1918, p. 28.

59. GIBAULT (G.). — **Histoire des légumes.** Paris 1912.

60. GODRON. — **De l'espèce.** Nancy (1859).

61. GRAFTIAU. — **Rapport sur la culture de la Betterave à sucre.** — Bruxelles 1888, Weisssenbruck.

62. GRENIER et GODRON. — **Flore de France**, Vol. III, p. 16.

63. GRIFFON. — **Greffage et hybridation asexuelle.** — 4ᵉ Conférence Int. de Génétique, Paris, 1911, p. 164 à 191. — Comptes rendus et rapports édités par Philippe de Vilmorin.

64. GUERARD (Benjamin). — **Explication du Capitulaire de Villis.** — Bibliothèque de l'École des Chartes, 1853, p. 549 et suiv.

65. HAGEDOORN (C.) et HAGEDOORN (A.). — **Studies on variation and selection.** — Zeitschrift für induktive Abstammungs und Vererbungslehre, XI, 3, 1913, p. 145.

66. HAGEDOORN (C.) et HAGEDOORN (A.). — **Can selection improve the quality of a pure strain of plants?** — The Journal of the Board of Agriculture, XX, 10, 1914, p. 857.

67. HAGEDOORN (A.) et HAGEDOORN (C.). — **The relative value of the processes causing Evolution.** La Haye, 1921.

68. HARRIS (J.-A.). — **Biometric studies on the somatic and genetic Physiology of the sugar beet.** — The American Naturalist, LI, n° 608, 1917.

69. HARRIS (F.-S.) and HOGENSON (J.-C.). — **Some correlations in sugar beets.** — Genetics, I, 4, 1916, p. 334.

70. HELLRIEGEL. — **Quelles sont les limites de composition que peuvent présenter des betteraves quant à l'individualité particulière de chaque plante et abstraction faite des influences de la race, du sol, de l'engrais et des circonstances météorologiques?** — La Sucrerie indigène et coloniale, 4 septembre 1883, p. 225.

71. HELOT (J.). — **Betterave à sucre : sa culture; son amélioration par les semences et les soins culturaux; but à atteindre.** — VIᵉ Congrès international d'Agriculture, Paris, 1900, p. 515 à 526.

72. HELOT (J.). — **La culture de la betterave.** — Sucrerie indigène et coloniale, 27 mai 1914.

73. HERZFELD (Dr).— **Betteraves sucrières et Betteraves fourragères.** Rapport à l'Assemblée générale de l'Association de l'industrie du sucre.— Munich, juin 1921 (reproduit dans « Journal des Fabricants de sucre », 9 et 16 septembre 1922).

74. HOHENACKER. — Bulletin de la Société impériale des naturalistes de Moscou, t. VI, 1838.

75. INDEX KEWENSIS. — Genre Beta, *voir* aussi Supplément : *Beta atriplicifolia* Rouy.

76. JOHANNSEN (W.).— **Elemente der exakten Erblichkeitslehere**, Iena, 1913.

77. JONESCO (S.). — **Recherches sur le rôle physiologique des Anthocyanes.** — Paris, 1922.

78. KAJANUS (B.). — **Genetische Studien an Beta.** — Zeitschrift für induktive Abstammungs und Vererbungslehre, Bd. VI, Heft 3, 1911, p. 137.

79. KAJANUS (B.). — **Mendelistische Studien an Rüben.** — Fühlings Landwirtschaftliche Zeitung, 1912, Heft 4.

80. KAJANUS (B.). — **Ueber die Vererbungsweise gewissen Merkmale der Beta und Brassica Rüben.** — Zeit. für Pflanzenzuchtung, mars 1913.

81. KAJANUS (B.). — **Ueber die Farbenvariation der Beta Rüben.** — Zeit. für Pflanzenzuchtung, Band 5, 1917.

82. KNAUER. — **La graine de betterave.** — Leipzig, 1885, p. 37 à 47.

83. KOLKOUNOFF. — **Recherches sur 4 lignées de betteraves sucrières faites en Russie.** — Journal Opitnoi Agronomi, Petrograd 1915. — Analyse dans Bulletin des Renseignements agricoles de Rome, sept. 1915, p. 1299.

84. KOMERS. — **Die Wertbestimmung des Rubensamens.** — Mitteilung der Samenkontrollstation in Wien.

85. KOZLOWSKI (Ant.). — **Formation du pigment rouge de Beta vulgaris par oxydation des chromogènes.** — C. R. Académie des Sciences, 7 novembre 1921, p. 855.

86. KRAUSS. — **Untersuchungen zu den physiologischen Grundlagen der Pflanzenkultur : I Die Wachstumweise der Beta Rüben.** — Naturwissentschaftliche Zeitschrift, Stuttgart, 1908.

87. KRYZ (Ferd.). — **Zeitschrift für Zuckerindustrie.** — Prague 1920, N° 16.

88. LANG. — **Zur Frage : Isolierung der Mutterrüben.** — Blätter für Zuckerrübenbau, XL, 3, 1908, p. 38.

89. LASSIMONE. — **La sélection et la production des semences.** — Rapport présenté au Congrès de l'Agriculture bourbonnaise à Montluçon, 1922. — Annales de la Société d'Horticulture de l'Allier.

90. LENZ. — **Botanik der alten Griechen und Römer.** — Gotha, 1859.

91. LINDHARD et IVERSEN KARSTEN. — **Hérédité des couleurs rouge et jaune chez le genre Beta.** — Zeitschrift für Pflanzenzüchtung, VII, fasc. I, juin 1919, p. 1-18. — Analyse bibliographique dans Bulletin des renseignements agricoles de Rome, mars 1920, p. 372.

91 *bis*. LEVALLOIS. — **Sur l'Évolution des Matériaux de réserve chez les plantes et en particulier chez la betterave.** — Laboratoire des établissements Vilmorin-Andrieux et Cⁱᵉ. — Bulletin de l'Ass. des Chimistes de sucrerie et de distillerie n° 9, mars 1913.

92. LOBEL (Matthiae de). — **Plantarum seu Stirpium Historia.** — Anvers 1676.

93. LODE. — **Blätter für Zuckerrübenbau, 2, 1922.**

94. LOTSY (J.-P.). — **Evolution by means of hybridization.** — La Haye, 1916.

95. Lotsy (J.-P.). — **Current theories of evolution.** — Genetica, sept. 1922, vol. 4 p. 385.

96. Lotsy (J.-P.). — **La botanique appliquée et l'hybridisme.** — Revue de botanique appliquée et d'agriculture coloniale, juillet 1922, p. 313.

97. Malpeaux (L.). — **La Betterave à sucre** (Paris 1901).

98. Malpeaux (L.). — **Aspect foliacé des betteraves et leur richesse en sucre.** — Vie agricole et rurale, août 1915.

99. Marek. — **Hérédité de la richesse saccharine des betteraves** — Sucrerie indigène et coloniale, 12 janvier 1886, p. 45.

100. Märker. — **Die Resultate der in der Provinz Sachsen im Jahre 1884 ausgefuhrten Anbauversuche mit verschiedenen Ruben varietäten** (Aus der Magdeburgischen Zeitung, 1885).

101. Märker. — **Siebenter Bericht über die Resultate der in der Provinz Sachsen mit verschiedenen Zucherrübenvarietäten ausgeführten Anbauversuche, 1886.**

102. Mendel (G.-J.). — **Versuche über Pflanzen Hybriden.** — Verh. Natur. Ver. in Brünn. Bd X, 1865.

103. Mennesson. — **La production du sucre de betterave par la graine de betterave à sucre française.** — C. R. Académie d'Agric. de France, 22 janvier 1919, p. 95.

104. Meunissier (A.). — **Expériences génétiques faites à Verrières.** — Bulletin de la Société d'Acclimatation, 1918.

105. Mezzadroli (G.). — **Communication concernant la Station de Biéticulture de Rovigo.** — Bull. de l'Ass. des Chimistes de Sucrerie, juillet-août 1920, p. 26.

106. Monteil (P.). — **Anatomie comparée de la feuille des Chenopodiacées.** — Lons-le-Saunier, 1906.

107. Moquin. — **Chenopodiacées.** — Prodromus, De Candolle, vol. XIII, Partie II.

108. Morandus. — **Historia Botanica practica seu plantarum.** — Milan, 1744.

109. Munerati (O.). — **Osservazioni sulla barbabietola che salgono a seme il primo anno.** — Le Stazioni Sperimentali agrarie italiane, vol. L, 1917, p. 5 à 24.

110. Munerati (O.). — **Osservazioni e ricerche sulla barbabietola da zucchero.** — Academia dei Lincei, 1920.

111. Munerati (O.). — **Sul probabile mecanismo della eredita nella odierna barbabietola da zucchero e sulle possibilita di un ulteriore perfezionamento del tipo.** — Annali di Botanica, vol. XVI, Rome, 1923.

111 *bis*. Munerati (O.). — **Contribution à l'étude de la constitution génétique de la Betterave sucrière actuelle.** — Communication au Congrès d'Agriculture de Paris, fin mai 1923.

112. Munerati (O.), Mezzadroli (G.) et Zapparoli (T.-V.). — **I caratteri e il comportamento delle barbabietole derivanti da un unico glomerulo.** — Modène, 1915.

113. Munerati (O.), Mezzadroli (G.) et Zapparoli (T.-V.). — **Il peso e la Richezza zuccherina delle barbabietole in rapporto alla superficie a disposizione delle singole piante nel campo.** — Le Stazioni sperimentali agrarie, t. XLIV, 1913, p. 755).

114. Munerati (O.), Mezzadroli (G.) et Zapparoli (T.-V.). — **Osservazioni sulla Beta maritima nel triennio 1910-1912.** — Le Stazioni sperimentali agrarie italiane, t. XLVI, 1913, p. 415.

115. Munerati (O.), Mezzadroli (G.) et Zapparoli (T.-V.). — **Le variazioni del contenuto in zucchero nelle barbabietole di secondo anno.** — Modène 1914.

116. Munerati (O.), Mezzadroli (G.) et Zapparoli (T.-V.). — **Le variazioni del contenuto in zucchero in barbabietole singolarmente considerate in rapporto al problema della selezione in Italia.** — Le stazioni sperimentali agrarie Italiane, vol. XLVIII, 1915, p. 605 à 637.

117. Munerati (O.), Mezzadroli (G.) et Zapparoli (T.-V.). — **Le variazioni del contenuto in zucchero delle bietole nel loro primo anno di vita.** — Le stazioni sperimentali agrarie Italiane, vol. XLIII, 1915, p. 85 à 136.

118. Munerati (O.), Mezzadroli (G.) et Zapparoli (T.-V.). — **L'influenza della sfogliatura sul tenore succherino in barbabietole singolarmente considerate.** — Le Stazioni sperimentali agrarie Italiane, vol. XLVIII, 1915, p. 743.

119. Munerati (O.), Mezzadroli (G.) et Zapparoli (T.-V.). — **La Natura del terreno e: la concimazione quali determinanti la tendenza delle barbabietole a salire a seme il primo anno.** — Le Stazioni sperimentali agrarie Italiane, vol. LI, 1918, p. 24 à 40.

120. Munerati (O.) et Zapparoli (T.-V.). — **Sul comportamento dei discendenti delle barbabietole che salgono a seme il primo anno.** — Le Stazioni sperimentali agrarie Italiane, vol. L, 1917.

121. Munerati (O.) et Zapparoli (T.-V.). — **Di alcune anomalie nella Beta vulgaris.** — Rendiconti della accademia dei Lincei (Roma).

122. Nilsson (Ehle-H.). — **Kreuzungsuntersuchungen an Hafer und Weizen II:** — Lunds Universitetets Arsskrift N. F. Afd. 2. Bd., N° 6 4° 84 S.

123. Novoczek. — **Funfter Bericht uber die Resultate der im Jahre 1886 in Böhmen ausgefuhrten Kulturversuche mit verschiedenen Rubenvarietäten nebst einigen Reflexionen zur Frage der Rubensamenzucht** (Kolrausch's Organdes Kontrollvereins fur Ruben zuckerindustrie in Oster.-Ungar. Monarchie. — Januar. Heft XXV, 1887).

124. Novotny (K.). — **Ein Beitrag zu Betrachtungen über die Beziehung zwischen dem perzentuellen Zuckergehalte und dem Gewichte der Rüben.** — Zeitschrift für Zuckerindustrie in Böhmen, XXXVI, 5, 1912, p. 269.

125. Oberthür (R.). — **Répertoire des couleurs,** Paris, 1905.

126. Oetken (W.). — **Studien über die Variations und Korrelationsverhältnisse von Gewicht und Zuckergehalt bei Beta-Rüben, insbesondere bei der Zuckerrübe.** I. Teil in Landwirtschaftliche Jahrbücher, IL, I,

1916, p. 1; II Teil in Zeitschrift für Pflanzenzüchtung, III, 3, 1915, p. 265.

127. OLIVIER DE SERRES. — **Théâtre de l'agriculture**, Paris, 1804, p. 56, 73, 630.

128. PAYEN. — **Distribution du sucre et de quelques autres principes immédiats dans les betteraves.** — Comptes rendus Acad. Sciences, 31 mai et 7 juin 1847.

130. PELLET. — **Étude générale sur la culture de la Betterave à sucre en divers pays.** — Annales de la Science agronomique, I, 1910, p. 1.

131. PELLET. — **Sur le poids et la richesse de la Betterave par rapport à la surface de terrain dont elle dispose.** — Sucr. ind. et coloniale, 29 juillet 1914.

132. PENZIG (O.). — **Pflanzen-Teratologie.** Dicotyledones Polypetalæ. — Genua, 1890.

133. PIPER (C.-V.) and STEVENSON (W.-H.). — **Standardization of field experimental methods in agronomy.** Proceedings of the American Society of Agronomy. — II, 1910, p. 70.

134. PLAHN. — Dans **Zeitschrift für Pflanzenzüchtung**, cité par le Journal des Fabricants de sucre, du 7 octobre 1922.

135. POTVLIET. — **Les sucres dans les feuilles de betteraves sucrières.** — *Voir* Ex. St. Rec., mars 1920, p. 334.

136. PRILLEUX (E.). — **Anatomie comparée de la tigelle et du pivot de la Betterave.** — Bull. de la Société de Botanique, 1887, p. 239.

137. PRITCHARD. — **Some recent investigations in sugar-beet breeding.** — The Botanical Gazette, LXII, 1916, 6, p. 425 et 443.

138. PRITCHARD. — **Correlations between morphological characters and the saccharine content of sugar beets.** — American Journal of Botany, III, 7, p. 361-367. — Analyse dans Bulletin des Rens. agricoles de Rome février 1917, p. 234.

139. PRITZEL (G. A.). — **Iconum botanicarum, Index locuplet.,** Berlin, 1861.

140. PROSKOWETZ. — **Rübenkultur und Rubenzüchtung,** Oe. U. Zeitschrift für Zuckerindustrie und Landw. Vienne : 1892, p. 239 et 887; 1894, p. 202 à 217; 1895, p. 227; 1896, p. 711; 1898, p. 498; 1902, p. 303. Même périodique, 1910, cahier 4.

141. PROSKOWETZ. — **Ueber die culturversuche, etc.** — Oe. U. H. Zeitschrift für Zucker. und Landw., 1896, p. 742.

142. PROSKOWETZ. — Oe. u. U. Zeitschrift für Zucker. und Landw., 1898, p. 501.

143. PROSKOWETZ. — Oe. U. Zeitschrift für Zuckerindustrie und Landw., Vienne, 1898, p. 516.

144. PROSKOWETZ. — Oe. u. U. Zeitschrift für Zucker. und Landw., 1910 p. 631.

145. PUNNETT (R.). — **Mendelism** (5e édition). Londres, 1919.

146. RABBETGHE et GIESECKE. — **Brochures sur la betterave Klein Wanzleben.** — 1890 à 1900.

147. Rimpau (W.). — Landw. Jahrbücher 1876 à 1880, passim.

148. Rimpau (W.). — **Das Aufschiessen der Runkelrüben** Landw., Jahr. — Bd. IX Berlin 1880.

149. Rimpau (W.). — **Die inkonstanz der Kreuzungs produckte von Runkelrüben varietäten** D. Landw. Pr. XII Jahr. — Berlin 1885.

150. Rimpau (W.). — **Kreuzungs produkte landwirtschaftlischer Kulturpflanzen** Land. Jahr. Bd. XX. — Berlin, 1891.

151. Ringelmann (M.). — **Décortication des graines de betterave.** — Journal d'Agr. pratique, 19 mars 1921.

152. Rouy (G.). — Revue Sciences naturelles, 1883, p. 246 (pour *Beta atriplicifolia*).

153. Rouy (G.). — **Flore de France**, Paris, 1910.

154. Rümker. — **Massenanbauversuche mit Futterüben, Eine neue Methode der Verprüfung** Mitteillungen der Land Landwirtschaftlichen Institute. — Breslau, 1909.

155. Saillard (E.). — **Les betteraves fourchues ou racineuses.** — Journal d'Agriculture pratique, LXXVI, 1912, p. 149.

156. Saillard (E.).—**Travaux de la Commission chargée de l'étude des questions relatives à l'accroissement du rendement en sucre des betteraves.** — Ministère de l'Agriculture, 1919.

157. Saillard (E.). — **Sélection des graines de betterave chez Vilmorin-Andrieux à Verrières-le-Buisson. — Essais culturaux de Betteraves à sucre.** — Bulletin des Halles, 19 février 1921.

158. Saillard (E). — **Quel maximum peut atteindre la richesse d'une betterave?** — Supplément à la circulaire hebdomadaire du Syndicat des Fabricants de sucre, 22 janvier 1922.

159. Saillard (E.). — **Composition des betteraves sauvages** (C. R. Académie des Sciences, du 6 février 1922).

160. Saillard (E.). — **Les graines de betterave à sucre.** — Annales Science agronomique, mai-juin 1922.

161. Schindler. — **Ueber die Stammpflanze der Runkel und Zuckerrüben** Botanisches Centralblatt, 1891.

163. Schribaux. — **La production des graines de betteraves industrielles assurée par l'industrie française.** — Mémoire publié par la Société d'Encouragement à l'industrie nationale, juillet-août 1915, notamment, p. 5.

164. Schribaux. — **La sélection des betteraves.** — Histoire centennale de la Betterave, p. 122. Paris, 1922.

165. Schribaux. — **La question de la sélection et la germination des graines dures.** — Vie agricole et rurale, 27 novembre 1920.

166. Séverin (C.). — **De l'amélioration de la forme de la Betterave à sucre.** — Journal d'Agriculture pratique, 1913, pp. 11-50.

167. SHAW. — **Thrips as pollinators of beet flowers**. — Bull. U. S. Dept. of Agriculture, N° 104, July 10, 1914.

168. SHAW. — **Self close and cross fertilisation of beets**. — Mem. N. Y. Bot. Garden 6, 1916, p. 149-152.

169. SHAW. — **Effets du climat sur la production des graines de la betterave sucrière**. — Sugar, vol. XIX, N°ˢ 10-12; XX, N°ˢ 1-4, Chicago, 1918. — Analyse dans Bulletin mensuel des renseignements agricoles et maladies des plantes, Rome, janvier 1919.

170. SHULL. — **The genotypes of Maize**. — The American Naturalist, LV, 532, 1911, p. 243.

171. SOCIÉTÉ ALLEMANDE D'AGRICULTURE. — **Amélioration des plantes dans l'agriculture allemande**. — Édition française, Berlin, 1911.

172. STEGLISCH. — **Die deutsche landwirtschaftliche Pflanzenzucht Arbeiten der Deut. Land. Ges.**, Heft 168, Berlin, 1910.

173. TJEBBES (K.). — **Zuckerrübenzüchtung** (ref. in Zeit. f. indukt. Abstammungs und Vererbunglehre, XX, I, 1918, p. 54).

174. TOWNSEND. — **The beet sugar industry in the United States**. — Washington 1918, Bulletin n° 721, U. S. Dept of Agriculture.

175. TRACY (J.-E.-W.). — **Comparative tests of Sugar-beet varieties**. — U. S. Dept. of Agriculture, Bureau of Plant Industry, Circ. 37 (Rept. 92), 1909, p. 71.

176. TRITSCHLER (Dr.). — **Der Praxis der Futterrubenzüchtung**. — Zeitschrift für Pflanzenzüchtung, vol. III, fasc. I, p. 19-25, Berlin, mars 1915. — Analyse dans Bulletin mensuel des renseignements agricoles. Inst. agric., Rome, juillet 1915.

177. TSCHERMAK. — **Die Züchtung der landwirtschaftlichen Kulturpflanzen** Bd. IV 2 Aufl. — Berlin, 1910.

178. URBAN (J.). — **Bett. à forte polarisation et leur descendance**. — Analyse dans Botanical Abstracts. — Zeit. Zuck. Böhmen 42, 1919, p. 387-391. — Zeit. Pflanzenzucht 7, décembre 1919, p. 141-142.

179. VAVILOV. — **The law of homologous series in variation**. — Journal of Genetics, vol. 12, avril 1922.

180. VILLE (Georges). — **Quelques idées sur la culture de la Betterave porte-graine**. — La Sucrerie indigène et coloniale du 15 mars 1887, p. 275. — Extrait de la séance du 12 décembre 1886 de la Société centrale d'Agriculture de Belgique.

181. VILMORIN-ANDRIEUX et Cⁱᵉ. — **Description des variétés de Betteraves**. — Bon Jardinier, éditions diverses, passim.

182. VILMORIN-ANDRIEUX et Cⁱᵉ. — **Note sur quelques variétés de betterave blanche à sucre**, 1861.

183. VILMORIN-ANDRIEUX et Cⁱᵉ. — **Les Plantes Potagères**. — (Diverses éditions) 1ᵉ éd. 1883, 2ᵉ éd. 1891, 3ᵉ éd. 1904.

184. VILMORIN-ANDRIEUX et Cie. — **Céréales, Plantes fourragères et économiques, 1880.**

185. VILMORIN-ANDRIEUX et Cie. — **Notice sur la Betterave jaune des Barres.** — « Bon Jardinier » liste des nouveautés, année 1854.

186. VILMORIN-ANDRIEUX et Cie. — **Catalogue des Nouveautés de 1888-1889.** Betterave de Vauriac.

X 187. VILMORIN-ANDRIEUX et Cie. — **Les plantes de grande culture.** — Paris 1892.

188. VILMORIN-ANDRIEUX et Cie. — **Catalogues de 1778 à 1922.**

189. VILMORIN-ANDRIEUX et Cie. — **Cahiers d'essais d'espèces de 1800 à 1922,** passim.

190. VILMORIN-ANDRIEUX et Cie. — **Cahiers du laboratoire de Verrières 1853 à 1922,** passim.

X 190 *bis*. VILMORIN-ANDRIEUX et Cie. — **Description des Plantes Potagères,** Paris 1856. — (C'est l'ouvrage qui a précédé la première édition des « Plantes Potagères »).

X 191. VILMORIN (Philippe-André DE). — **Notice sur l'amélioration de la Carotte sauvage.** — Lue à la Société d'horticulture de Londres, 3 mars 1840.

192. VILMORIN (Louis DE). — **Richesse saccharine de la betterave.** — Société impériale et centrale d'Agriculture, séance du 19 juin 1850.

X 193. VILMORIN (Louis DE). — **Note sur un projet d'expérience ayant pour but d'augmenter la richesse saccharine de la betterave.** — Bull. séances Société Imp. d'Agric., 2e série, t. VI, p. 169.

195. VILMORIN (Louis DE). — **Note sur la création d'une nouvelle race de Betterave à sucre. Considérations sur l'hérédité dans les végétaux.** — Comptes rendus des séances de l'Académie des Sciences, 1856, 2e semestre, p. 871. Extrait des Notices sur l'amélioration des plantes par le semis et considérations sur l'hérédité dans les végétaux, p. 26.

196. VILMORIN (Louis DE). — **Almanach du Bon Jardinier. Nouveautés.** — 1er supplément, p. XXI. — Betterave à sucre race Magdebourg, *ibidem* plantes économiques, p. 24.

197. VILMORIN (Henry DE). — **La question de l'amélioration de la Betterave.** — La Sucrerie indigène et coloniale, 24 avril 1888, p. 438. — Extrait des Procès verbaux de la Société des Agriculteurs de France. Séance du 10 février 1888 et C. R. Société des Agriculteurs de France, 1889, t. XX, p. 440.

199. VILMORIN (Henry DE). — **De l'amélioration de la Betterave à sucre.** — Sucrerie indigène et coloniale, 17 sept. 1889, p. 328.

X 200. VILMORIN (Henry DE). — **L'hérédité chez les végétaux.** — Conférence à l'Exposition Universelle 1889. — Imprimerie nationale.

201. VILMORIN (Henry DE). — **De la sélection de la betterave à sucre.** — La Sucrerie indigène et coloniale, 10 mars 1891, p. 319.

202. Vilmorin (Henry de). — **Description des variétés de Betteraves à sucre** (avec planche coloriée). — Journal d'Agric. pratique 1897, 1, p. 466.

202 *bis*. Vilmorin (Henry de).— **Description des principales variétés de Betteraves fourragères (avec planche coloriée).** — Journal d'Agr. pratique 1897, 1, p. 207.

203. Vilmorin (Philippe de). — **Sur la fixité des races de froments.** — IV. Conférence Int. de Génétique, Paris, 1911.

204. Vilmorin (Philippe de). —**Note sur des croisements de Pois.** — C. R. Acad. Sciences. 1910, 2e sem., p. 548.

205. Vilmorin (Philippe de). — **Montée à graine des betteraves la première année.** — Bulletin de l'Ass. des Chimistes de sucrerie, 1908, p. 227.

206. Vilmorin (Jacques de). — **Installation d'un laboratoire de sélection de betterave à sucre.** — Comptes rendus des travaux de la Commission de la Betterave à sucre, 1917.

207. Vilmorin (Jacques de). — **Les méthodes de sélection de la Maison Vilmorin-Andrieux et Cie, à Verrières,** ibidem, 1918.

208. Vilmorin (Jacques de). — **L'isolement des betteraves à sucre destinées à la graine.** — Comptes rendus de l'Académie d'Agriculture de France, 14 avril, 1920.

209. Vilmorin (Jacques de). — **Recherches sur les betteraves fourragères.** — Comptes rendus de l'Académie d'Agriculture, 18 janvier 1922.

210. Vilmorin (Jacques de) et Mottet (S.). — **Expériences de multiplication asexuée de Betterave à sucre; remarques diverses.** — Comptes rendus de la Commission de la Betterave à sucre, année 1917.

211. Vivien. — **Sélection de la Betterave à sucre.** — Bull. de l'Ass. des Chimistes de Sucrerie, novembre 1920.

212. Vries (Hugo de). — **Die Mutations théorie.** — Leipzig, 1903.

213. Vries (Hugo de). — **Species and varieties, their origin by mutation.** — Chicago, 1906.

214. Weibull. — **Arsbok 1912 à 1922.** — Landskrona (Suède).

215. Wheldale (M.). — **The Anthocyanin of Plants.** — Cambridge, 1916.

216. Willstætter (R.). — **Ueber die Farbstoffe der Blüten and Fruchte.** — Sitzungsber. der Kgl. Preuss. Akad. d. Wiss., 1914, p. 402.

217. Willstætter (R.). — **Untersuchungen uber Anthocyane.** —Lubigs Ann. der chemic, 1913, p. 401; 1913, p. 404; 1917, p. 412.

218. Winkler (Hans.). — **Verbreitung und Ursache der Parthenogenesis in Pflanzen.** — Iéna, G. Fischer, 1920, in-8°, 231 p.

219. Woenig. — **Pflanzen in Altem Ægypten,** p. 217-218.

LISTE DES FIGURES.

		Pages.
1. Glomérules de *Beta macrocarpa* Guss (récoltés à Perrégaux, Algérie, par M. Ducellier, 1922) (dessin à la plume)............		16
2. *Beta maritima* L., fructification, cultivée à Verrières (photo).......		5
3. *Beta maritima* L. (Ilot de la Gabinière), cultivée à Verrières (photo)..		5
4. *Beta maritima* L., polders de Bouin, 2 octobre 1896 (Herbier Vilmorin)......		5
5. *Beta trigyna*, racine âgée de plusieurs années, récoltée à Montpellier............		13
6. *Beta trigyna* Waldst. et Kit. feuilles (photo)............		13
7. *Beta trigyna*, inflorescence (Herbier Vilmorin)............		13
8. *Beta patula* Soland. Madère 1832 (Herbier Vilmorin)............		21
9. Diverses formes d'inflorescences de Betterave cultivée............		21
10. Betterave cultivée. Mauvais porte-graine (collets multiples).......		29
11. Betterave sauvage à racine pivotante récoltée par M. A. Chevalier, près de Boulogne (Pas-de-Calais)............		29
12. Betterave sauvage à racine pivotante (autre forme)............		29
13. » (3e forme)		33
14. Betterave sauvage à radicelles latérales-horizontales............		33
15. Betteraves à sucre, formes difficiles à arracher............		33
16. Betteraves à sucre, formes faciles à arracher............		33
17. Betterave à sucre, forme facile à arracher............		33
18. Betterave blanche à sucre de Silésie (1871)............		34
19. Betterave à sucre de Magdebourg............		35
20. Betterave à sucre Impériale............		36
21. Betterave blanche à sucre Impériale Knauer............		36
22. » améliorée Vilmorin, forme de 1861..		37
23. Betterave blanche à sucre améliorée Vilmorin (2e forme).........		37
24. » (3e forme).........		37
25. Betterave blanche à sucre allemande à collet vert............		38
26. » rose.		38
27. Betterave à sucre à collet vert............		38
28. Betterave blanche à sucre à collet rose............		39
29. » rose hâtive 1882............		39
30. » collet vert (forme longue)............		39

		Pages.
31. Betterave à sucre rose hâtive		39
32. » à collet rose		39
33. » race Guerlebock		39
34. » améliorée Vilmorin		40
35. Betterave à sucre Vilmorin sélection A		40
36. » B		41
37. » B préparée pour étude au laboratoire de sa richesse en sucre (photo)		41
38. Betterave à sucre Klein Wanzleben		41
39. » à sucre française riche (race Fouquier d'Hérouel)		42
40. » noire à sucre		42
41. » à sucre à collet vert race Brabant		44
42. » blanche à sucre à collet rose		44
43. » disette blanche à collet vert		45
44. » géante blanche demi-sucrière		45
45. » disette d'Allemagne		47
46. » disette Corne-de-bœuf		48
47. » disette Mammouth		48
49. » rouge globe		49
50. » rouge ovoïde		49
51. » géante rouge demi-sucrière		50
52. » disette négresse		50
53. » jaune d'Allemagne		50
54. » des Barres		51
55. » de Vauriac		51
56. » des Motteaux		52
57. » des Motteaux		52
58. » jaune globe		52
59. » jaune globe à petite feuille		52
60. » Tankard		53
61. » orange globe		53
62. » jaune d'Eckendorf		54
63. » d'Oberndorf		55
64. » jaunes et rouges (photo)		55
65. » jaune grosse		56
66. » jaune ronde sucrée		56
67. » rouge grosse		57
68. » rouge de Castelnaudary		57
69. » rouge longue lisse		57
70 » rouge foncé de Whyte		58
71. » rouge naine très foncée		58
72. » rouge de Cheltenham		58
73. » rouge naine de Dell		59
74. » rouge crapaudine		59

Pages.

75. Betterave rouge à feuillage ornemental.................... 59
76. » rouge noir, demi-longue...................... 60
77. » rouge de Covent-Garden................... 60
78 » rouge ronde précoce...................... 60
79. » rouge hâtive de Dewing................... 61
80. » rouge noir plate d'Égypte................ 61
81. » rouge plate de Bassano.................. 61
82. » rouge à salade de Trévise................ 62
83. » Éclipse............................... 62
84. » Reine des noires........................ 62
85. » rouge vermillon ronde très hâtive............ 63
86. Poirée blonde commune....................... 65
87. » blonde à carde blanche.................... 66
88. » à carde blanche frisée.................... 66
89. » à carde du Brésil....................... 67
90. » à carde du Chili........................ 67
91. Nécessaire pour l'essai des Betteraves à sucre, par L. Vilmorin, 1858.. 79
92. Betterave à sucre ayant monté à graine une seconde année........ 79
93. » » à feuillage extrêmement frisé................ 79
94. » géante blanche, très grande taille (photo)............. 79
95. Betterave à sucre Vilmorin (isolement sous toile)............. 103
96. » » 103
97. » » 103
98. » » 103
99. » » 103
100. Fixation des caractères de feuillage (Lignée 4140)............. 115
101. » (» 4153)............. 115
103. Betteraves « géante blanche demi-sucrière » à collet allongé........ 116
104. Graphique : Répartition des individus suivant la richesse (Homogénéité de la richesse)........................ 119
105. Hybridation de sucrière avec Betterave ronde (F_1)............. 119
106. » (F_2)............. 119

GRAPHIQUES.

A. — Richesse en sucre, de racines provenant de graines d'une même lignée de générations différentes.................... 105

B et C. — Homogénéité de la lignée au point de vue de chacun des caractères considérés........................ 105

D et E. — Hétérogénéité de la lignée au point de vue de chacun des caractères considérés........................ 105

F. — Homogénéité de la lignée au point de vue des caractères (autre mode de notation)........................ 105

Pages.

PLANCHES COLORIÉES.

Coloration de quelques variétés de Betteraves...................... 97
Coloration de la chair de diverses Betteraves...................... 97

PLANCHES NOIRES.

I. *Beta patellaris* Moq. (Herbier Cosson), Oued Debeny (sud-ouest du Maroc). Mardochée, 1875.

II. *Beta patellaris* Moq. (Herbier Cosson), Oudjan (sud-ouest du Maroc), 1875. Mardochée, par les soins de M. Beaumier.

III. *Beta patellaris* Moq. (Herbier Cosson), Moudjerid (Maroc). Ibrahim, 19 juin 1888.

IV. *Beta procumbens* Chr. Sm. (L. Bourgeau, n° 1238). Martianez, 12 février 1845. *Ténériffa In Arenas maritimas Vallis.*

V. *Beta vulgaris* L., virescente, dessin d'après nature.

VI. Inflorescences de Betteraves sauvages et de Betteraves cultivées.

VII. Inflorescences de Poirée et de Betteraves sauvages.

TABLE ANALYTIQUE DES MATIÈRES.

	Pages.
Ablation de l'inflorescence........	27
Achard....	34, 80, 113
Albert le Grand....	22
Analyses des Betteraves sauvages.	12, 13
Ancienneté de la Poirée.....	23, 24, 65
Andrews (M.)....	89
Andrieux (P.)....	32, 58
Andrlik (M.)....	80
Annualité de la Betterave....	5
Anomalies diverses....	98
Anthocyane chez la Betterave....	89, 90
Anthriscus sylvestris....	87
Antropova (Mlle)....	114
Aristophane....	23
Arnim (von)....	55
Arrachage des betteraves (difficultés pour l')...	30, 36, 75
Assise génératrice....	6
Atavisme....	71, 76
Aulard (M.)....	118
Autofécondation de la Betterave....	18, 76, 77, 80, 113
— (résultats de l').	105, 115
Axe épicotylé et hypocotylé....	82
Bains salés....	34
Bartos....	80
Bateson (W.)....	92, 124
Baur....	124
Beta alba DC....	3
— *altissima* Hort....	3
— *atriplicifolia* Rouy....	3, 5, 10
— *bengalensis* Roxb....	3, 7
— *Bourgaei* Coss.	3, 4, 5, 9, 10, 13, 17, 94
— *campanulata* Coss.....	3, 4, 8, 9
— *carnulosa* Gren....	3
— *chilensis* Hort....	3, 4, 13, 24, 94
— *Cicla* Georgi....	3
— *Cicla* L....	3, 7, 17, 24, 94
— *Cicla alba*....	32, 65
Beta Cicla viridis....	32, 65
— *crispa* Tratt....	3
— *Cycla* Pall....	3
— *decumbens* Mœnch....	3
— *diffusa* Coss....	3, 4, 5, 9
— *erecta*....	3
— *esculenta* Salisb....	3
— *foliosa* Ehrenb....	3
— — Hskn....	5
— *hastata* Desf....	3
— *hortensis* Mill....	3
— *hybrida* Andr....	3, 5
— *incarnata* Hort....	3
— *intermedia* Bunge....	3, 4, 5, 9
— *lomatogona* Fisch...	3, 4, 5, 7, 10
— *longespicata* Moq....	3, 4, 7
— *lutea* Hort....	3
— *macrocarpa* Guss.	3, 10, 16, 22, 94
— *macrorhiza* Stev....	3, 4, 5, 9
— *marina* Crantz....	3
— *maritima* L.	3, 4, 7, 10, 11, 12, 13, 14, 17, 19, 20, 21, 83, 85, 92, 93, 94
— *nana* Boiss....	3, 4, 5, 7, 8
— *Noëana* Bunge....	3
— *orientalis* Roth....	3
— *patellaris* Moq.	3, 4, 5, 8, 9, 10, 13
— *patula* Soland.	3, 4, 5, 9, 13, 17, 19, 20, 21
— *procumbens* Chr. Sm.	3, 4, 5, 8, 9, 10
— *pumila* Link....	3
— *purpurea* Hort....	3
— *Rapa* Dum....	3
— *rapacea* Hegets....	3
— *rosea* Hort....	3
— *rubra* Delile....	3, 5
— *sativa* Bernh....	3
— *stricta* C. Koch....	3
— *sulcata* Gasp....	3
— *sylvestris* Hort....	3
— *triflora* Salisb....	3

Pages.

Beta trigyna Waldst. 3,4,5,6,7,12,17,85
— *vulgaris* L. 3,4,5,7,10,11,12,17, 19,20,32,85,90
— *Webbiana* Moq..... 3,4,5,9,10
Bette ou Poirée du Chili.......... 4
Bettes (sélection des)............ 68
Bette à racine maigre............ 23
Betterave d'Achard........ 34, 80, 113
— d'Allemagne améliorée... 38
— améliorée Vilmorin. 37,40,41, 73,77
— des Barres.... 50,51,94,111
— blan^che à collet rose. 33,34,36,46
— — électorale......... 35
— — globe............ 46
— — longue hors terre.. 45
— — plate de Vienne.... 46
— — — nouv. de Vienne 46
— — de Prusse...... 33,34
— — à sucre à collet gris. 43
— — à sucre à collet rose. 38. 39,43,44
— — à sucre à collet vert. 36. 38,39,43,44
— — à sucre rose hâtive. 38,39
— — à sucre de Silésie. 33,34, 37,77
— Brabant.............. 43
— — collet vert..... 31,44
— Branicka............... 43
— Brock's Giant............ 26
— Brock's red intermediate.. 49
— Buszczynski et Laszinsky.. 43
— de Castelnaudari........ 32
— de Castelnaudary... 33,57,58
— Catell's dwarf blood...... 59
— champêtre............ 33
— — disette camuse. 46
— — Mammouth jaune d'or......... 54
— à collet gris............ 48
— — rose............ 31
— Corne-de-Bœuf.......... 48
— crapaudine....... 31,98
— Crosby Egyptian........ 62
— de Dennetières......... 43
— Dick Wurzel......... 33,68
— Dippe............. 43
— disette........... 33,45,68
— — d'Allemagne..... 47,48

Pages.

Betterave disette d'argent........ 46
— — blanche à collet vert......... 45,46
— — camuse.......... 46
— — Corne-de-bœuf.... 48
— — grande espèce.... 47
— — Mammouth..... 47,48
— — négresse....... 49,50
— — ordinaire........ 47
— de distillerie à collet gris. 43,48
— — — rose. 31,43
— — — vert. 31,44
— Eckendorf..... 54,55,94,111
— Éclipse............. 62
— écorce............. 60
— d'Égypte............. 62
— électorale.......... 35,76
— Elvetham............. 47
— à feuille de Dracæna..... 61
— fine red............. 61
— Fouquier d'Hérouel...... 42
— Française riche....... 31,42
— Gate Post............. 54
— Géante blanche.. 109,110,111
— Géante blanche demi-sucrière............. 45,46
— Géante rose........ 97,109, 110,111,117.
— Géante rouge.... 97,109,110
— Géante rouge demi-sucrière........... 50,116
— Géante rouge de Pfahl.... 49
— Gerlebocker.......... 38,75
— de Guerlebock........ 38,39
— half long blood......... 61
— Impériale......... 35,36
— Intermediate........... 54
— jaune d'Allemagne....... 50
— — blanche.......... 50
— — de Castelnaudary. 33,57
— — à chair blanche.... 33
— — d'Eckendorf..... 54,55
— — géante de Vauriac. 50, 51,111
— — globe.......... 52,53
— — — aplatie....... 53
— — — à petites f^lles. 52,53
— — grosse........... 56
— — jaune........... 49
— — longue........ 56,111

Pages.

Betterave jaune ordinaire...... 33, 5o
—   — ovoïde des Barres. 5o.
                              5r, 94, rrr
—   — ronde....... 33, 58, 6r
—   —   — sucrée..... 56, 58
—   —   à salade.......... 57
—   —   à sucre de Hesbaye. 43, 57
—   Kirsche Ideal.......... 55
—   Klein Wanzleben...... 4r, 42
—   Klumpen gelbe dicke..... 54
—   —   rote dicke....... 47
—   Kuhn................ 43
—   Kwa yen sai.......... 56
—   Leclerc.............. 49
—   long deep red.... 59
—   — yellow............ 55
—   longue anglaise......... 59
—   de Magdebourg......... 35
—   Mammouth........ 47, 48, rrr
—   maritime améliorée...... r9
—   Mette................ 43
—   Mitha Palung........... 2o
—   des Motteaux......... 5o, 52
—   noire à sucre....... 42, 43, 6o
—   Oberndorf............ 55
—   orange globe.... 53
—   ovoïde de Bessay........ 46
—   petite rouge........... 58
—   —   — de Castelnau-
                        dary...... 33
—   potagère plate d'Égypte.. 28.
                              6r, 62
—   de Puilboreau.......... 46
—   reine des noires........ 62
—   Rillieux.............. 49
—   rose des Ardennes....... 48
—   — demi-sucrière ... 48. rr7
—   rouge 32
—   — de Castelnaudary.. 33.
                              57, 58
—   — de Cheltenham... 58, 6o
—   — de Covent-Garden. 6o, 6r
—   — crapaudine... 59, 6o, 98
—   — demi-longue....... 6r
—   — demi-sucrière..... 49
—   — à feuillage ornemen-
                        tal.......... 59, 6r
—   — foncé de Massy.... 6o
—   — — de Whyte.. 58. 59
—   — de Gardanne...... 58

Betterave rouge globe........... 49
—   — grosse....... 57, 58, 98
—   — hâtive de Dewing. 6r, 62
—   — longue........... 58
—   —   — lisse...... 57, 59
—   — naine........... 59
—   —   — de Dell....... 59
—   —   — très foncée. 58, 59
—   — noir demi-longue. 6o, 6r
—   —   — plate d'Égypte 6r, 62
—   — ordinaire......... 33
—   — ovoïde........... 49
—   — piriforme de Stras-
                        bourg.......... 6r
—   — plate de Bassano. 6r, 62
—   — ronde précoce. 33, 6o, 6r
—   — à salade de Trévise. 62
—   — de Trévise........ 62
—   — vermillon ronde très
                        hâtive........ 63, 98
—   Sangojuma............ 56
—   Schreiber............ 43
—   de Silésie........... 33, 34
—   sucrière de Prusse ou de
                        Silésie............. 33, 34
—   à sucre à racine blanche
                        ovoïde.......... 38, 39, 75
—   sucrière ronde...... rr9, r2o
—   Strube................ 43
—   Tankard. 5o, 53, 95, 97, 98, rrr
—   Turnip rouge hâtive...... 62
—   de Vauriac........ 5o, 5r, rrr
—   Vilmorin A........ 3r. 4o, 9r
—   Vilmorin B...... 3r, 4r, 42. 9r
—   virescente 98
—   Wohanka.............. 43
—   yellow Mammoth interme-
                        diate................ 5r
—   yellow oval........... 5r

Betteraves « acclimatées »........ 37
—   annuelles, bisannuelles,
                        ou vivaces.......... 85
—   d'arrachage facile..... 36, 75
—   autofécondées... 8o, ro5, rr5
—   blanches sucrières...... 34
—   bouteuses............ 36
—   des Canaries...... ro, rr, 23
—   citrines.............. 54
—   à collet allongé........ 27
—   colorées accidentellement 9r

	Pages.
Betteraves colorées après isolement.	114
— danoises	5o
— demi-bouteuses	36
— (emploi médicinal)	22
— (comme épinards)	56, 65
— fourragères	22, 32, 45
— — blanches	45
— — introduites d'Allemagne	47, 5o
— — jaunes	27
— — à racine allongée	48
— fibreuses	31
— Géantes blanches demi-sucrières à collet allongé.	116
— hors terre	28, 29
— hybrides	76
— du Japon	56
— jaunes	56, 64
— jumelles	108
— monogermes	99
— montées la première année.	12, 15, 19, 21, 27, 28, 83, 85, 86, 87, 88
— ne montant pas	98
— à pétioles plus larges	23
— potagères	22, 27, 32, 56
— — (origine nord-africaine)	94
— — (leur origine)	22, 32
— — jaunes	56
— — rouges	58, 95
— — venues d'Allemagne	61
— racineuses	15, 21, 27, 28, 29, 30, 31
— (règlements fiscaux)	74
— rouges	56, 64
— — longues	58
— — rondes	61
— à salade	56
— sauvages	10, 11, 13, 14, 15, 21, 83, 85
— — des bords de la Manche	85, 93
— — des bords de la Méditerranée.	85
— sucrières	32, 33
— à sucre françaises	37
— à sucre (formes diverses des feuillages)	115, 116
— (variétés connues des anciens)	32
Betteraves vivaces	5, 89, 99
Blonski	29
Boissier (M.)	7
Bon Jardinier (Almanach du)	33, 34, 37, 45, 49, 53, 58, 59, 62, 66
Bonnier (M.)	32
Bornmüller (Prof.)	5, 6
Boutures	100, 101
— de racines	124
Bouvardia	124
Brabant (M.)	43
Briem	27, 29, 118
Caractère annuel	5
Caractères de feuillage	115
— de forme	79, 80
— héréditaires	79
Carrière (M.)	24, 117
Catalase	84
Catalogues Vilmorin-Andrieux	33, 53, 56, 57, 58, 59, 60, 61, 62, 63, 65, 66
Cazaubon (E.)	1
Cellules des betteraves	10, 26, 82, 118
Cercles concentriques de la racine.	32, 82
Chairs (Couleur des)	97
Champs d'expériences	105, 107, 121
Chenopodium album	93
Chenu (M.)	45
Chimères	124
Chromosomes	123
Claasson (M.)	109
Coalescence des plasmas	124
Colin (Abbé H.)	111
Collet allongé	98, 116
Collets verts	29, 30
Coloration des betteraves.	14, 15, 20, 21, 22, 23, 53, 54, 55, 79, 80, 81, 89, 91, 93
Coloration des betteraves cultivées.	94
— sauvages.	91
— (facteurs de)	80, 94, 95
— des germes	90, 91
— de l'épiderme	96
— des pétioles	90
— des plantules	90
Commentaire au sujet de la sélection.	112
Combes (M.)	89, 90
Combinaisons azotées chez la Betterave	84

Pages

Commerell (Abbé de)........ 33, 46, 68
Contrôle des poids et richesse...... 107
Corbière (M.)................... 14
Corrélation entre forme et richesse
    des racines....... 30, 48
 — entre poids et richesse
    des racines..... 74, 118
 — du feuillage et de la ri-
    chesse.......... 26, 35
 — entre les caractères de
    coloration.......... 60
Cosson (M.).................. 8, 10
Cratægo-Mespilus............... 124
Croisements après l'autofécondation. 105
 — entre races........ 74, 76
 — au point de vue de la co-
    loration (à Verrières). 96
« Crossing over » chez la Betterave. 95
Cuénot (M.).................... 122
Cytisus Adami.................. 124
Cytologie...................... 123
Cytoplasme.................... 123

Darwin (Ch.).............. 27, 75, 76
Decaisne (M.).................. 78
De Candolle................... 23
Définition des races de cultures..... 75
Dégénérescence................. 81
Dick Wurzel................... 33, 68
Différences de richesse........ 106, 118
Difficultés d'interprétation des résul-
 tats........................ 121
Diffusion aqueuse à froid.......... 78
Diminution de vigueur par l'isole-
 ment............. 84, 100, 105, 113
Dioscoride..................... 22
Distance nécessaire pour éviter l'hy-
 bridation.................. 14, 81
Diversité et variabilité........... 123
Dosage densimétrique........... 77
Dublin (Jardin botanique de)..... 12, 13
Ducellier (M.)............ 5, 16, 22, 94
Dupont et Riffard (MM.).......... 14
Dureau (G.)................... 77

East (E.) et Jones (D.).... 17, 105, 113
Edimbourg (Jardin botanique d'). 7, 8, 9

Pages.

Eisebein...................... 38
Élites (obtention et sélection des).
      105, 106
Emploi médicinal des Betteraves... 22
Enzymes...................... 84
Épaississement de la racine....... 20
Épidermes rugueux.......... 31, 60, 98
Épiderme (coloration de l')........ 96
Espèces botaniques.............. 3
 — linnéennes............. 4
Études des différents sucres....... 127
 — dynamométriques......... 30
Étude des engrais............... 127
 — des « Non sucre »......... 127

Facteurs de coloration........ 80, 94, 95
Faisceaux fibro-vasculaires.... 10, 20,
     32, 82, 110
Fécondation croisée chez la Bette-
 rave..................... 11, 18
Feuillage des Betteraves.. 9, 25, 26, 115
 — cloqué........... 82, 115
 — frisé 98
 — panaché 99
Feuilles avec excroissances cornues. 99
Fixation de formes après isolement. 116
Fixité plus ou moins grande des va-
 riétés cultivées................ 25
Flahault (Prof.)............... 19, 92
Floraison de la Betterave......... 27
Forme des Betteraves. 55, 73, 79, 82, 119
 — des feuilles............. 25, 26
 — de racines......... 30, 117
 — et richesse.............. 119
Formes faciles à arracher........ 30
 — hybrides entre la Betterave
    sauvage et les différentes
    variétés cultivées........ 17
Fouquier d'Hérouel (M.).......... 42
Fron (M.)..................... 6
Fruwirth..................... 80

Gabinière (Ilot de la).......... 12, 92
Gaillot (M.).................. 89
Galien...................... 22
Gay (A.).................... 50
Gaze comme isolant.......... 78, 113
Genève (Jardin botanique de)...... 13

Pages.

Georges Ville.................... 74
Gérarde....................... 24
Geschwind et Sellier............. 32
Gibault (G.)............... 22, 23, 24
Glomérules 9, 10, 27, 28
— déhiscents............ 99
Gorain........................ 101
Graphiques d'une même lignée, de gé-
  nérations différentes.. 105
— de poids et de richesse.
  105, 119
Greffes.................. 100, 101
Grosseur des racines (Augmentation
  par la culture de la)........ 20, 21
Graine commerciale (Obtention de la). 107

Hagedoorn..................... 101
Halkwist...................... 82
Hallouin (G.).................. 1
Heine......................... 73
Hélot......................... 101
Hellriegel.................... 74
Herbier Cosson................ 8, 10
— d'Édimbourg 7, 8, 9
— de Kew............. 6, 7, 8, 9
— Lenormand............. 6
— de Montpellier........ 7, 8, 9
— du Muséum........... 7, 9, 10
— Philippe de Vilmorin....... 6
Hérédité...................... 71
— des caractères acquis...... 122
— chez la Betterave........ 68
— mendélienne.......... 83, 123
— de la racinosité.... .... 30, 31
— de la richesse sucrière..... 117
Heterosis................ 80, 84, 106
Historique général............. 32
Hohenacker (M.)............... 7
Hulleu (A.)................... 29
Hybridations en Allemagne........ 76
Hybridation asexuelle............ 124
— chez la Betterave... 11, 14,
  18, 19, 21
— au point de vue coloration 79, 94, 95, 96, 97
— de lignées. 105, 106, 114, 117
Hybrides de greffes............. 124
— de Betteraves sucrières et
  de Betteraves fourra-
  gères............. 22, 80

Pages.

Hybrides de Betteraves sucrières et
  de Betteraves pota-
  gères.......... 30, 80, 93
— de Poirées.. 23, 25, 28, 95, 117
— (vigueur des plantes).. 76, 80,
  84, 105, 115
Hyères (Iles d')............. 12, 85

Index Kewensis.............. 3, 5, 24
Inflorescences................. 7, 26
— fasciées............. 99
Influence du terrain............. 69
Invertase..................... 84
Isolement des Betteraves à graines.
  18, 21, 78, 81, 102, 103
— (résultats)............. 104
— sous toile.......... 103, 104
Isoloirs...... 18, 78, 79, 84, 100, 103, 113
Iversen Karsten............... 92, 94

Jonesco (M.)................. 89, 90

Kajanus (B.).... 21, 51, 79, 80, 81, 89, 94
Kerner (M.) 89, 90
Kew (Jardin botanique de).... 6, 7, 8, 9
Knauer (M.)................ 35, 75, 76
Kolkounoff (M.)................ 26
Koslowski (M.)................ 89, 90
Krauss (M.).................. 80, 82
Kuhn......................... 101

Lassimone (M.)................ 46
Levallois (F.)............... 1, 103
Lignosité de la racine........... 31
Lindhard (M.)................ 92, 94
Linkage.................. 30, 95, 119
Lobel....................... 24
Lode (M.).................... 118
Lotsy (J.-P.)................. 123
Lyon (Jardin botanique de)........ 12

Madrid (Jardin botanique de)...... 8
Maire (M.)................... 3, 8
Malpeaux (M.)................. 28
Marek (M.)................... 74
Marggraf..................... 68
Märker...................... 73
Marques commerciales.... 37, 43, 83, 122
Marseille (Jardin botanique de)..... 12

Mathieu de Dombasle............ 34, 49
Matière sèche des Betteraves fourra-
    gères............. 109
    — (sélection à la)... 84. 109
Mendel.................... 78
Meunissier (A).............. 1, 12
Meyer (M.)................. 7
Mezzadroli (M.).............. 29
Montée à graines la première année. 12,
    15, 19, 21, 27, 28, 83, 85, 86, 87, 88
Monteil (P.)................. 10, 20
Montpellier (Jardin botanique de). 6,
    7, 8, 9, 19
Mottet (S.)................. 1
Multiplication asexuée........... 101
Munerati (O.)... 1, 11, 13. 15, 19, 21. 22.
    25, 27, 29. 80. 83. 84, 85, 86, 87. 89, 92,
    100, 108, 111. 114. 117. 118, 121, 125, 126
Muséum de Paris........... 7, 9, 10. 12
Mutations.................. 123
    — chez la Betterave........ 21

Nilsson (Haljmar)............. 25
    — (Héribert)............. 114
Nowoczeck (M.)............. 76

Oberthür (R.) (Répertoire des cou-
    leurs.............. 96, 97. 98
Obione..................... 6
Observations sur les Betteraves sau-
    vages................. 11, 14
Obtention de la graine commerciale. 107
    — de racines courtes.... 30, 119
    — et sélection des élites.... 105
Olivier de Serres........ 23, 34, 56. 68
Origine des espèces par hybridation. 123
    — des variétés cultivées....... 25
Oxydase................ 84

Palladine.................. 90
Payen................... 78
Peklo (M.)................. 118
Pelargonium................ 124
Pellet (M.)................. 118
Pétioles des Betteraves.......... 25
Penzig................... 98
Pfaffe................... 38
Plahn................... 84
Plantes panachées............. 124

« Plantes Potagères ».. 24, 46. 53, 55. 66
Poids des Betteraves.......... 12, 13
    — des racines fourragères.. 109, 110
Poirée 23, 24. 28, 32, 65
    — blanche commune.......... 65
    — blonde................. 65
    — — commune........... 65
    — — — de Lyon..... 65
    — — à cardes......... 32, 65
    — — à carde blanche..... 65, 66
    — à carde blanche.......... 66
    — — — frisée....... 66
    — — du Chili.......... 95
    — — jaune du Brésil...... 67
    — — de Lyon.......... 65
    — — rouge du Brésil...... 67
    — à cardes.............. 33
    — — vertes........... 24
    — du Chili............ 4, 24, 53
    — — jaune............ 67
    — — rouge............ 67
    — commune de Lyon......... 65
    — ordinaire.......... 33, 65
    — — à carde.......... 65
    — remontante............ 66
    — à tige jaune panachée de rouge. 24
    — verte à carde blanche....... 66
    — — — frisée........ 66
    — — commune........... 65
    — — — de Paris...... 65
Polarisation de contrôle........... 78
Pollen des Betteraves.. 11, 84, 103, 105,
    113. 114. 115
Position au point de vue des théories
    actuelles concernant l'évolution.. 122
Premiers choix (Racines de)... 102, 107
    — — (Schéma de la repro-
    duction des)..... 108
Presse Herles................ 84
Pression osmotique dans les racines. 118
Pritchard (M.)........... 118. 119. 121
Procédé du lingot............ 77
Production en graine de racines sous
    toile.................. 104
Progrès possibles au point de vue de
    l'amélioration ultérieure........ 124
Proskowetz...... 1, 6. 7. 10, 11. 13. 17,
    19. 20, 21, 22. 31. 92

Questions actuelles. 85

Pages.

Races de Betteraves.............. 75
Racines....................... 28
— de Betteraves sauvages..... 28
— colorées accidentellement... 91
— de disette............... 33
— fibreuses................ 31
— grosses comparées aux petites................ 119
— hors terre............ 28, 29
Réfractomètre.................. 84
Règlements fiscaux.............. 74
Rendements par hectare........ 36, 126
Répertoire des couleurs Oberthür. 96, 97, 98
Répartition des fleurs sur les rameaux. 27
Repiquage des plants........... 29, 68
Résultats de Betteraves ayant grainé sous isoloirs.......... 104
— de culture en Bohême.... 125
— — en France..... 125
— — en Saxe....... 73
Richesse des Betteraves en sucre. 12, 13, 20, 35. 37, 68, 71, 73, 77, 80, 106, 118
Richesse des Betteraves racineuses.. 29
— — sauvages. 12, 13
Rimpau (M.)............... 19, 22, 27
Rivoire (Ph.).................. 67
Rome (Jardin botanique de)....... 13
Rose d'Inde naine hâtive......... 72
Rovigo (Station de Biéticulture de).. 83

Saccharimètre (emploi du)... 71, 73, 78
Saillard (E.)......... 13, 30, 71, 78, 125
Salicornia.................. 6, 14
« Saucisson d'herbe »........... 65
Schindler............. 19, 20, 21, 92
Schneidewind (M.)................ 109
Schribaux (M.)................. 77
Schuzenbach (Procédé de)........ 34
Seigle.................... 114
Ségrégation................. 123
Sélection des Betteraves en 1786... 69
— (buts de la).......... 99, 126
— des Betteraves fourragères. 109
— — potagères.. 110
— des Bettes............. 68
— d'après la densité........ 77
— individuelle......... 70, 99
— à la matière sèche..... 84, 109

Pages.

Sélection en masse............... 100
— moderne.............. 99
— morphologique........ 34, 77
— saccharimétrique.. 73, 78, 111
Semoir à poquets............. 121
Severin (M.).................. 30, 75
Shaw (H.)........ 27. 86, 105, 113, 115
Shull (G.)............ 80, 84, 106
Sillon de la racine (profondeur du) et richesse..................... 30
Smith (J.-J.).................. 4
Smith (M.).................. 90
Spinacia...................... 6
« Sports »................... 124
Stahl....................... 89, 90
Steglisch (M.)................... 80
Stomates des feuilles............. 20
Sucre par hectare................ 126
Sucres réducteurs chez la Betterave. 22, 32, 111
Sueda........................ 14
Svalöf (Suède)............... 12, 25

Teinte de l'épiderme........... 91, 96
Têtes de familles............... 102
Théophraste................. 22, 23
Théorie lamarckienne............ 122
Théories concernant l'évolution..... 122
— relatives à l'hérédité chez la Betterave............. 68
Thouret (M.)................. 28
Thrips.................. 76. 84, 113
Toile pour isoloirs............. 103
Toupikova (Mlle)............. 114
Townsend (M.)................ 99
Tracy (M.).................... 118
Transplantation des Betteraves... 29, 68
Traumatismes.................. 123
Tritschler (M.)................ 113
Tschermak (Prof. E.)............ 80
Tumeurs du collet............. 99
Tyrosinase.................... 84

Urban (M.)................... 80

Van der Stok.................... 4
Van Oekten................... 118
Variabilité et diversité........... 123

	Pages.		Pages.
Variations de bourgeons.......	101, 124	Vilmorin (Louis de)......	34, 35, 69, 73, 77, 78, 118
Vavilov (N.-I.).........	89, 93, 114, 123	Vilmorin (Philippe de).......	1, 6, 92
Verrières.............	43, 107, 111, 119	Vilmorin (Philippe-André de).	49, 71, 77
— (Cahiers de)...	19, 46, 49, 78, 97, 118	Vilmorin (Philippe-Victoire de).	33, 34, 68
— (Essais de).....	34, 45, 60, 97	Vries (Hugo de)........	21, 69, 87, 123
— (Sélection à)........	101, 102		
Vicinisme.................	69, 92, 100		
Vigueur (diminution après autofécondation)..........	105, 115	Wheldale (M.).............	89, 90, 92
		Willstætter (M.)...........	89, 90
Vilmorin-Andrieux...........	24, 34	Winkler (M.).............	124
Vilmorin (Henry de)........	42, 74	Woltereck (M.).............	94

FIN DE LA TABLE ANALYTIQUE DES MATIÈRES.